재미있는
수학여행 4

재미있는 수학여행 4 – 공간의 세계

1판 1쇄 발행 1991. 3. 15.
1판 37쇄 발행 2005. 8. 20.
개정1판 1쇄 발행 2007. 1. 25.
개정1판 16쇄 발행 2019. 9. 10.
개정신판 1쇄 인쇄 2021. 11. 30.
개정신판 1쇄 발행 2021. 12. 7.

지은이 김용운, 김용국

발행인 고세규
편집 이승환 디자인 조명이 마케팅 박인지 홍보 홍지성
발행처 김영사
등록 1979년 5월 17일 (제406 – 2003 – 036호)
주소 경기도 파주시 문발로 197(문발동) 우편번호 10881
전화 마케팅부 031)955 – 3100, 편집부 031)955 – 3200 | 팩스 031)955 – 3111

값은 뒤표지에 있습니다.
ISBN 978 – 89 – 349 – 4416 – 4 04410
     978 – 89 – 349 – 4417 – 1 (세트)

홈페이지 www.gimmyoung.com   블로그 blog.naver.com/gybook
인스타그램 instagram.com/gimmyoung   이메일 bestbook@gimmyoung.com

좋은 독자가 좋은 책을 만듭니다.
김영사는 독자 여러분의 의견에 항상 귀 기울이고 있습니다.

김용운
×
김용국

재미있는
수학여행
공간의 세계

4

김영사

새로운 수학여행을 시작하며

우리나라 학생은 점수만으로는 세계 수학 경시대회에서 좋은 성적을 낸다. 그러나 세계의 수학 교육가들은 우리나라 학생이 점수로 계산할 수 없는 학습동기 또는 호기심에 관해서는 하위에 속한다는 사실에 주목하며 창의력 문제를 걱정한다.

각 나라 국민의 창의력을 나타내는 지표로는 흔히 노벨과학상 수상자 수가 참고된다. 그런데 세계 최고의 교육열을 자랑하는 우리나라 사람 중 과학상 수상자는 하나도 없다. 참고로 유대인의 수상자 수는 의학·생리·물리·화학 분야에서 119명, 경제학상만도 20명이 넘는다. 이 현상은 창의력에 관련이 깊은 수학 교육과 연관이 있다.

유대인의 속담에 자녀에게 고기를 주지 말고 고기를 잡는 그물을 주라는 말이 있다. 참된 수학은 창의력을 위한 고기가 아닌 그물의 역할을 한다. 나는 이 책이 여러분을 참된 수학의 길로 인도하기를 바란다.

그간 많은 학생으로부터 "선생님 책 덕에 수학에 눈이 열리게 되었습니다"라는 말을 들어왔다. 필자에게 그 이상 보람을 느끼게 하는 일은 없으며 동시에 더욱 책임감을 느낀다.

이 책은 1991년, 지금으로부터 16년 전에 쓰였으나 그 기본 방향에는 변함이 없다. 그러나 그간 수학, 특히 컴퓨터를 이용하는 정수론 분야에서 새로운 지식이 등장했으며, 오랫동안 풀리지 않았던 어려운 문제들의 일부가 해결되었다. 이들 내용을 보완하면서 더욱 친근하게 접근할 수 있도록 수정했다. 이 책을 읽는 독자 중에서 큰 고기를 낚는 사람이 나오기를 기대한다.

2007년
김용운

산을 높이 오를수록 산소가 희박해지고 고산병에 걸리기 쉽다. 이처럼 지나치게 다듬어진 수학은 겉보기에 구체적인 현실성이 없어지고 추상성만으로 가득하게 된다.

현대 수학을 처음 접하게 되면 대부분의 사람들이 고산병과 같은, 수학에 있어서의 추상병(抽象病)에 걸리고 만다. 이는 정신적으로 건전한 사람이라면 당연히 걸리는 병이라고 할 수 있다.

그러나 아무리 높은 산일지라도 산에는 숲이 우거지고 짐승들이 뛰놀고 있다. 차갑고 메마른 공기와 빙설에 덮인 암벽일지라도, 그 암벽 아래쪽에는 풍요로운 자연이 숨 쉬고 있는 것이다.

학교에서 가르치는 수학은 마치 산봉우리 부분만 확대하여 그 구조만을 조사하는 것 같다. 봉우리만을 보는 대부분의 학생들은 얼음 덮인 암벽을 만나면 산 오르기에 지쳐 중도에 하산해버리고 만다. 절벽과 함께 있는 계곡의 맑은 물 같은 생생한 인간의 직관은 보지 못하고 말이다.

산의 전체를 모르는 학생들에게는 당연한 결과이지만, 수학이라는 '산'에 도전하여 좌절하는 모습을 수없이 보아온 저자로서는 안타까움을 금할 수 없다.

이 책을 집필하게 된 가장 큰 동기는 수학의 전체 모습을 보여주기 위해서이다. 수학의 본질을 모르면서 공식이나 줄줄 잘 외워 입시에 성공한들, 수학을 키우고 수학에 의해 성장해온 문화의 깊은 인간적 의미는 잘 알 수가 없다. 이 책의 가장 큰 목적은 수학의 본성을 이해하는 데 도움을 주고자 함이다.

그리고 이 책은 정상에서 각 계단의 의미와 그 지평을 관망하는 입장에서 쓰였다. 강의실에서 서술하지 못한 중요한 내용을 들추어내고 살아 숨쉬는 수학을 독자들에게 보여주기 위해서이다. 시들고 흥미 없는 강의를 할 수밖에 없었던 죄책감을 이 책을 통해 조금이나마 씻을 수 있었으면 한다.

무관심한 사람에게 밤하늘은 신비스럽기는 하지만 수많은 별들이 무질서하게 멋대로 흩어져 있는 것처럼 보인다. 하지만 별들은 저마다 자기 자리를 가지고 대우주의 조화를 이루고 있는 것이다. 이 대우주는 결코 다 파헤칠 수 없는 신비의 보고이기도 하다.

수학은 인공의 대우주이다. 자연의 대우주와 비교될 만큼 온갖 비밀이 그 속에는 간직되어 있다. 그 비밀 속에는 현실세계와 깊은 관련이 있는 넓은 응용과 깊은 지혜가 숨어 있다.

이 책은 수학 전공학도는 물론, 지적 호기심이 강한 사람이면 충분히 즐길 수 있을 것이다. 또한 정보화 사회를 살아가는 현대인이면 갖춰야 할 합리적인 사고를 기르는 데에도 큰 도움이 되리라 믿는다.

독자가 이 책을 통해 수학의 진면목을 이해하는 데에 진일보했다는 느낌만이라도 얻는다면 저사로서는 그 이상 바랄 것이 없겠다.

1991년
김용운 · 김용국

1 선의 이야기 13

2 차원이란 무엇인가 43

3 여러 가지 기하학 87

이 책을 읽기 전에

1 선의 이야기

자연에는 왜 직선이 없는가를 묻고, 자연에 없는 직선과 곡선의 의미를 알아
본다. 여러 종류의 곡선을 구별하는 방법으로서 곡률이라는 '수'의 자를 생각
한다. (곡선의 종류·곡률의 이야기)

2 차원이란 무엇인가 ┃ 3 여러 가지 기하학

공간에 곡률의 정의를 적용하여 공간들을 구별시켜보고, 비유클리드 공간과
유클리드 공간의 차이를 생각해본다. 그리하여 이들 공간 모두를 포함하는
위상공간의 세계를 살펴본다.
1차원, 2차원에서 시작하여 차원의 의미를 확장하고, 공간을 구별하는 수인
차원이 달라질 때 생기는 여러 현상을 알아본다.

4 기하학과 증명

기하학에는 왜 증명이 필요한가를 알아보고, 이러한 증명을 요구하는 태도가
학문을 발전시킨 이유를 알아본다. 또 증명의 방법에 관해서 알아보고, 공리의
뜻을 생각해본다.
삼각형의 내각의 합이 180°인 경우와 그 외의 경우를 구별하여 공간의 모양을
알아보며 이들 여러 경우와 곡률의 관계를 생각할 수 있다.

5 동양의 수학과 서양의 수학

희랍 이외의 곳에 있었던 기하학적 지식을 살펴보고, 특히 예술이나 현실 생활에 나타난 기하를 공부한다. 증명법과 이용 범위를 중심으로 동양과 서양인의 사고방식을 생각한다. 같은 동양 문화권에 있으면서도 일본인, 중국인과 사고방식이 다른 한국인의 수학적 재능을 생각하고, 우리 수학의 앞날을 전망한다.

이 책에서는 공통적이고 흔한 보기로써 기하학의 깊은 내용을 되도록 쉽게 이해하도록 했다. 차원, 공간, 합리적 사고 등에는 철학적인 의미가 내포되어 있음을 알 수 있는 것이다.

1
선의 이야기

우리가 몸담고 있는 이 세계는 수없이 많은 곡선, 곡
면 등으로 이루어진 입체의 세계이다. 그러면서도 이
러한 도형의 세계는 제각기 아름다움과 대칭성을 간직
하고 있다.

나선 이야기
자연은 직선을 싫어한다?

　우리 주변에는 집, 전신주, 고속도로, 선로, 다리 등 직선으로 된 것들이 많지만, 이것들은 모두 인간이 만든 것이다. 그러나 사람 때가 묻지 않은 두메산골이나 바닷가에 가보면 직선은 거의 눈에 띄지 않는다.

　저 멀리 바라보이는 수평선이나 지평선, 들판에 우뚝 솟은 거목들은 직선적인 느낌을 주기는 하지만 주의깊게 살펴보면 바다나 땅은 결코 평탄하지 않고, 나무도 자를 대고 그은 것 같은 직선을 이루지는 않는다. 실제로 우리 주위로 눈을 돌려보면 바다를 누비는 파도, 하늘에 떠 있는 구름, 귤이나 사과, 잠자리나 나비, 눈의 결정 등 온갖 생물·무생물의 형태는 거의 곡선형이다. 이렇게 따지면, 본래 자연에는 곡선만이 있고, 직선은 인간이 만들어낸 것이라고 말하고 싶어진다.

　보통 직선과 곡선은 서로 반대말, 그러니까 동격으로 취급되고 있지만 도형의 개념에서 보면 곡선의 종류가 훨씬 많다. 직선은 한 종류뿐이지만 곡선은 실로 다양하다.

    우리가 몸담고 있는 이 세계는 수없이 많은 곡선, 곡면 등으로 이루어진 입체의 세계이다.

    그러면서도 이러한 도형의 세계는 제각기 아름다움과 대칭성을 간직하고 있다. 이 사실을 13세기의 대 신학자이자 철학자인 토마스 아퀴나스(Thomas Aquinas, 1225~1274)는 다음과 같이 표현하고 있다.

    "인간의 감각은 물체의 형태 사이의 적절한 비율을 즐겨 찾는다."

    이것을 풀어서 말한다면 미(美)와 수학 사이에는 깊은 연관이 있다는 뜻이 된다.

    이제부터 이 철학자가 말하는 '형태의 적절한 비율'을 즐겨보기로 하자.

신비로운 곡선, 나선

설날에 시골에서는 두텁고 긴 널빤지 밑에 둥근 나무나 짚을 깔고 그 위에서 뛰어올라갔다 내려왔다 하는 '널뛰기 놀이'를 하는 여자들을 볼 수가 있었다. 그런데 이 널빤지가 움직일 때 그 위의 어느 고정된 점이 그리는 자취는 그림 ❶과 같은 기하학적인 곡선이 된다.

또 세 마리의 개가 정삼각형의 각 꼭지점에 있고 이들이 동시에 앞쪽에 있는 개를 향해 같은 속도로 똑바로 쫓는다면, 그림 ❷와 같이 곡선을 그리면서 달리다가 마지막에는 삼각형의 중심에서 서로 만나게 된다.

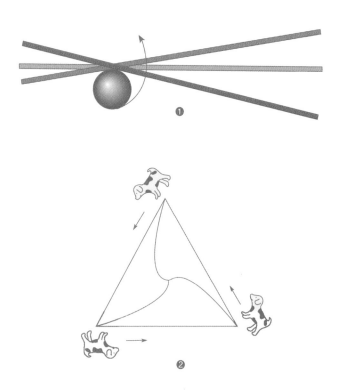

개들 자신은 어떤 순간에도 직선으로 상대를 뒤쫓는다고 생각하고 있겠지만.

전축의 레코드판이 회전하고 있을 때 벌레 한 마리가 중심에서 같은 속도로 일정 방향으로 기어가고 있다. 벌레가 그리는 선은 어떤 형태의 것이 될까? 얼핏 생각하면 이 선은 불규칙적이고 이상한 곡선이 될 것 같다. 그러나 자세히 살펴보면 이것 역시 기하학적인 아름다움을 지닌 선이 된다. 신기하게도 널뛰기 놀이의 널빤지, 서로 뒤쫓는 세 마리의 개, 그리고 돌아가는 레코드판 위를 움직이는 벌레의 자취가 한결같이 '나선'이라는 아름다운 곡선을 그린다.

또, 말뚝에 매어둔 염소가 줄을 팽팽하게 하여 풀면서 막대 주위를 빙빙 돌아가면 염소의 발자취 역시 나선형의 곡선을 그린다. 우

리가 흔히 보아 넘기기 쉬운 일에도 이처럼 수학의 아름다움이 숨어 있다.

돌아가는 레코드판의 위를 기어가는 벌레가 그리는 나선형은 그리스의 수학자 아르키메데스(Archimedes, B.C. 287?~B.C. 212)가 처음 연구한 것이다. 이 천재적인 과학자는 수학사상 처음으로 나선을 연구한 사람으로도 유명하다.

아르키메데스의 나선은 레코드판과 같은 모양의 두꺼운 종이를 만들어 일정한 속도로 회전시키면서 이 종이 위에 중심으로부터 바깥쪽을 향해 금을 그으면 나타난다. 뿐만 아니라, 자세히 살펴보면 레코드판의 가느다란 홈도 역시 나선형으로 되어 있다.

앞에서 말한 정삼각형의 중심까지 서로 쫓고 쫓기는 세 마리의 개가 그리는 나선을 '등각나선'이라고 한다. 중심에서 곡선상의 어느 점까지 그은 선분과 그 지점에서의 접선이 이루는 각이 언제나 일정한 나선이라는 말이다. 즉, 그림에서처럼 $\angle A = \angle B = \angle C = \cdots$이면 이 곡선을 등각나선이라 한다.

개의 수가 3마리 이상일 때에도 각각 정다각형의 모서리에서 출발하게 하면 마찬가지로 등각나선을 그리게 된다. 가령 5개의 등각나선을 그리기 위해서는 정오각형의 모서리를 이용하면 된다. 그러니까 n 마리의 개가 만든 등각나선은 정n 각형을 이용하면 되는 것이다.

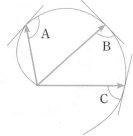

몇 마리의 개를 이용하여 생각

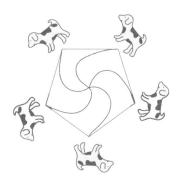

하는 나선의 문제는 결코 인간에게 해로울 것이 없지만 만일 이것들
이 개가 아니고 미사일이라면, 인류를 멸망시킬 위험천만한 일이 벌
어질 수도 있다. 실제로 이 문제에 대해 세계의 과학자들이 비상한
관심을 보이고 있다.

요즘 미사일은 매우 감도 높은 전자 장치가 부착되어 있어서 상대
의 움직임에 민감하게 반응한다. 적대국의 미사일끼리 서로 이웃해
있으면서 자동적으로 서로가 그 뒤를 쫓게 되어 있다고 해보자. 5개
의 미사일이 서로를 감시하고 있을 때 그중의 하나가 우연히 움직이
게 되면 이들 5개의 미사일은 서로 이웃하는 미사일을 뒤쫓는다. 그
런데 이 속도는 엄청나게 빠르므로, 부딪치면 무서운 폭발이 일어날
것은 뻔한 일이다.

다시 평화로운 이야기로 되돌아가자.

두 마리의 개로 이 문제를 생각하면 그 길은 직선이 된다. 또 개들
이 무한히 많다면 그 길은 원이 된다. 따라서 이론적으로는 직선이
나 원도 등각나선의 극단적인 경우라 할 수 있다. 직선상의 임의의
점에서는 중심에서 그은 선분이 이루는 각은 항상 $0°$이며 원주상의

임의의 점에서는 그 각이 90°이기 때문이다.

자연적인 나선, 인공적인 나선

나선은 자연계에서 동식물을 막론하고 흔히 볼 수 있는 도형이다. 회오리 바람은 공기가 그리는 나선도형이며, 해류의 소용돌이도, 집 안에 있는 전기세탁기 내의 소용돌이도 물이 그려내는 나선도형이다. 또, 사슴뿔이나 달팽이집, 그리고 조개껍질 등은 해가 지남에 따라서 나선을 더해간다. 이것만이 아니다. 하늘을 경쾌하게 나는 잠자리도 알고 보면 나선을 그리면서 날고 있다.

나선을 영어로는 '헬릭스(helix)'와 '스파이럴(spiral)' 둘로 구별해서 말한다. '스파이럴'은 21쪽의 그림 ❶처럼 평면에 나타난 도형이

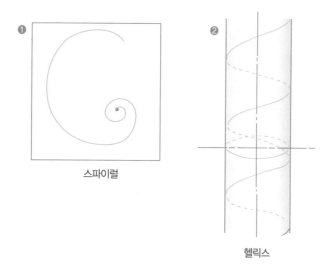

스파이럴

헬릭스

고, '헬릭스'는 그림 ❷와 같은 공간 도형이다.

　평면상의 나선인 스파이럴에도 여러 종류가 있다. 그중 대표적인 것으로 '아르키메데스의 나선', '등각나선' 그리고 '클로소이드(clothoid)' 등을 꼽을 수 있다.

　'아르키메데스의 나선'은 아르키메데스가 그 면적을 계산했기 때

나사못과 식물의 줄기 | 헬릭스 모양으로 만들어진 나사못과 자연상태에서 헬릭스 모양을 하고 있는 식물의 줄기

문에 이렇게 불린다. 이 나선은 옆의 그림과 같이, 중심으로부터 거리가 $\sqrt{2}$, $\sqrt{3}$, …과 같이 되어 있어서 아주 재미있는 나선이다. 달팽이의 껍질이 이 아르키메데스 나선에 가까운 소용돌이를 이루고

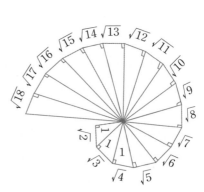

있다는 것은 잘 알려진 사실이다.

앞에서 이야기한 바와 같이 '등각나선'은 나선 위의 각 점에서 접선과 반지름(OA, OB, …)이 이루는 각이 항상 일정한 나선이며, 중심으로부터의 거리는 등비급수적으로 변한다.

'클로소이드'는 고속도로의 커브에서 잘 볼 수 있다. 이 나선꼴이 고속도로에 쓰이는 이유는 클로소이드에 따라서 핸들을 꺾어가는

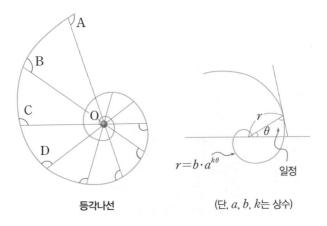

등각나선

$r = b \cdot a^{k\theta}$

일정

(단, a, b, k는 상수)

상아와 새의 발톱 | 자연의 상태에서 등각나선 모양을 하고 있다.

것이 자연스러운 핸들 조작법이기 때문이라고 한다. 수학적인 용어를 써서 말한다면, '곡률(曲率, 커브의 꺾어진 정도를 나타내는 양)'이 일정한 비율로 늘어가기 때문이다.

사람의 탯줄은 3개의 헬릭스가 결합한 3중나선을 이루고 있다. 그중 하나는 정맥, 나머지 두 개는 동맥으로, 이것들이 왼쪽으로 꼬여져 있다고 한다. 생물학에서 헬릭스는 어디서나 흔히 볼 수 있다. 나무의 잎이나 가지, 그리고 꽃의 열매 등이 나오는 비율도 이 나선꼴

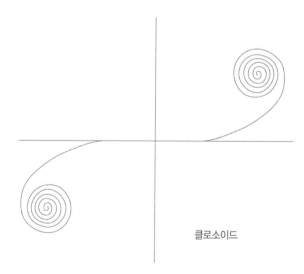

클로소이드

계단과 DNA | 나선형으로 지어진 계단과 2중나선 구조로 되어 있는 DNA 모형

(헬릭스)로 나타나는 경우가 많다.

또, 생명의 유전자를 전달하는 DNA(디옥시리보 핵산, deoxyribo nucleic acid)는, 극히 단순한 4종류의 분자가 수천 개 결합해서 생긴 것인데, 이들 분자 역시 위의 그림과 같이 오른쪽 방향으로 꼬인 2중나선꼴로 되어 있다.

일상적으로 쓰이는 '나선'이라는 낱말은 흔히 나선 계단을 가리킨

거미줄 | 자세히 살펴보면 나선형으로 되어 있음을 알 수 있다.

다. 이 형태는 공간상의 나선, 그러니까 헬릭스이다. 이러한 인공적인 나선으로는, 유선전화의 전화선, 전구 속의 필라멘트, 스프링 등이 있다.

그러나 평면상의 나선이든 공간상의 나선이든, 회전하면서 나아간다는 점에서는 똑같다. 그러고 보니 거미줄도 일종의 나선이다.

동양인은 옛적부터 자연 속에 깊숙

이 간직된 참된 아름다움이나 조화는 보통사람의 눈에는 띄지 않고, 오직 성인에게만 이해된다는 생각을 가지고 있었다. 그래서 누구나 알 수 있는 형태, 즉 어떤 법칙성으로 미를 설명하기는커녕, 오히려 그것을 자신만이 알 수 있는 비밀로 붙여두었다. 반면에, 유럽인들 특히 고대 그리스인들은 그러한 것들을 누구나 알 수 있도록 나타낼 수 있으며, 또 그렇게 해야 한다는 확신을 가지고 있었다. 이 확신 때문에 아름다운 것, 조화로운 것을 어떤 법칙으로 나타내 보이려는 노력을 끊임없이 기울여왔다. 나선이라는 아름다운 곡선을 발견한 것도 그러한 노력의 결과였다.

곡선의 종류
트래트릭스와 사이클로이드

 자연에서 볼 수 있는 선은 겉보기에는 거의가 불규칙적이다. 하긴 예외는 있다. 비눗방울이나 물속의 거품이 표면장력 탓으로 구가 된다는 것은 누구나 잘 알고 있다. 또, 수정(水晶)이나 눈의 결정에서는 규칙적인 형태를 볼 수 있다. 그러나 대부분의 규칙적인 곡선은 인공적이다.

 규칙적인 곡선 중에서도 대표적인 것은 '원추곡선(圓錐曲線)'이다. 이 명칭은 원뿔을 여러 가지 각도로 잘랐을 때 생기는 곡선이라는 뜻으로 붙인 것이다. 바로 원·타원·포물선·쌍곡선 등이 그것이다.

원   타원   포물선   쌍곡선

그중, 포물선은 문자 그대로 지상에서 던진 물체의 운동 자취, 궤적으로서도 등장한다.

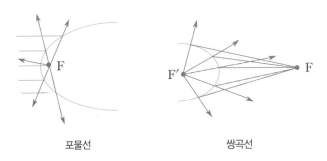

포물선 　　　　　　　　　 쌍곡선

원추곡선의 초점은 빛의 발산이나 수렴과 밀접한 관계가 있다.

이 밖에 규칙적인 곡선 중에는 다음과 같은 것들이 있다.

A점에서 출발해서 직선상을 같은 속도로 달리는 사람을 향해 B점에 있던 개가 쫓아가고 있다고 하자. 이때, 그 개가 사람을 쫓아 달린 자취는 '추적선(追跡線)'이라는 곡선이 된다.

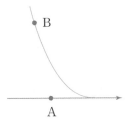

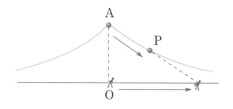

  평면상의 A점에 있는 물체에 길이 AO인 밧줄이 연결되어 있어서, 그 다른 끝을 O점에 있는 사람이 쥐고 있다. 그 사람이 직선상을 걸을 때, 줄 끝에 연결된 물체가 지나간 자취를 '견인곡선(牽引曲線)' 또는, 흔히 '트랙트릭스(tractrix)'라고 부른다.

  밧줄이나 쇠사슬의 양 끝을 천장의 두 점에 고정시키면, 줄은 자신의 무게 때문에 밑으로 처지게 된다. 이때 생기는 줄의 모양을 '현수선(懸垂線)'이라고 한다.

현수선

깜깜한 밤에 자전거 바퀴에 전등을 달고 달리면 전등빛이 멋있는 곡선을 그린다. 이 곡선을 '트로코이드(trochoid)'라고 한다. 이때, 전등이 바퀴의 가장자리에 있으면, 그 곡선을 특히 '사이클로이드 (cycloid)'라고 부른다.

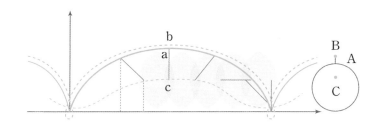

사이클로이드(실선)와 트로코이드(점선)

하나의 곡선을 바탕으로 하여 만들어지는 곡선이 있다. 그 대표적인 예가 '신개선(伸開線)'과 '축폐선(縮閉線)'의 관계이다.

30쪽의 그림 ❶과 같은 모양의 고리 K에 테이프가 감겨 있다고 하자. 이 고리를 고정시키고 A점에서부터 테이프를 벗겨가면, 테이프의 끝은 곡선 C를 그린다. 이 C를 처음의 곡선 K에 대한 '신개선'이라고 한다. 역으로 곡선 K를 곡선 C에 대한 '축폐선'이라고 한다. 그림 ❷를 보면 알 수 있는 바와 같이 원의 신개선은 소용돌이꼴이 된다. 또, 앞에서 이야기했던 현수선과 트랙트릭스는, 그림 ❸에서와 같이 축폐선과 신개선의 관계가 된다.

축폐선은 앞으로 이야기할 '곡률(曲率)'— 알기 쉽게 말하면 '구부러지는 상태'— 과 밀접한 관계가 있다. 어떤 곡선이든 극히 짧은 부

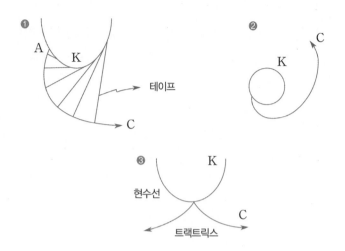

① A K 테이프 C
② K C
③ K 현수선 트랙트릭스 C

분만을 문제 삼는다면, 그것을 원의 일부로 간주할 수 있다. 이 '원'의 중심을 그 곡선의 '곡률의 중심'이라고 하는데, 곡률의 중심을 추적하면 축폐선이 된다. 원의 축폐선은 중심에 집중되어 있다.

고대 바빌로니아인들이나 중국인, 그리고 우리의 조상들은 신비로운 행성(行星)의 움직임에 대해 주의 깊게 관찰하였다. 한편, 그리스인들은 오히려 이 별을 두서없이 '헤매는 별'(遊星, Planet)이라고 불러 가볍게 여겼다. 그것은, 행성의 운동이 아주 불규칙적이어서, 규칙성＝법칙성을 중히 여기는 그들의 구미에 맞지 않았기 때문이었다. 그러나, 천체의 운동은 반드시 규칙적이어야 한다고 믿었던 철학자 플라톤은, 그가 운영하고 있는 학원(아카데미아)의 학생들에게, 이 외관상의 불규칙성을 규칙적인 것으로 설명하는 방법을 찾아낼 것을 과제로 내놓았다. 이러한 전통이 그 후에도 줄곧 이어져서, 자연현상 내의 곡선은 모두 어떤 규칙에 의해 지배되어 있다고 믿겨졌

다. 만일 이러한 믿음이 없었던들, 이렇듯 많은 곡선의 이름도 생기
지 않았을 것이다.

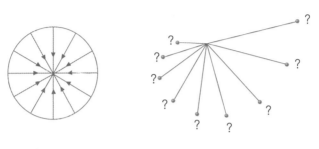

점의 신개선은 모든 원. 따라서 평면 전체   점 = 평면 전체!?

종이에 그려놓은 곡선을 보고 우리는 한눈에 전체 모습을 파악할 수 있다. 그러나 만일 우리의 시야가 극히 제한되어 있어서 불과 몇 밀리미터의 길이밖에 볼 수 없다면, 이 눈꼽만큼의 짧은 곡선으로부터 얼마만큼의 사실을 알아낼 수 있을까?

곡선의 극히 일부만으로는 그것이 원인지, 타원이나 포물선인지, 또는 다른 곡선인지 도저히 헤아릴 수 없다. 그러나 이 사실, 즉 그 부분이 구부러져 있는지 직선을 이루고 있는지, 그리고 구부러져 있으면 그 정도가 심한지 완만한지쯤은 알 수 있다.

앞에서도 잠깐 이야기한 바와 같이, 곡선을 무한히 짧게 나누었을 때 각 부분은 저마다 어떤 원(원호)의 일부로 간주할 수 있다. 이들 '원'의 반경을 곡선 각 부분의 '곡률반경(曲率半徑)' 그리고 그 역수

$$\frac{1}{곡률반경}$$

을 '곡률(曲率)'이라고 한다.

이 정의에서 알 수 있듯이, 곡률의 값이 클수록 — 곡률반경이 짧

을수록 — 구부러지는 정도가 심하다. 예를 들어, 다음 그림에서는 A 점이나 C점에서의 곡률은 크고, B나 D에서는 곡률이 비교적 작다.

공간을 연구하기 위한 획기적인 수단으로 곡률을 도입한 것은, 대수학자 가우스(F. Gauss, 1777~1855)와 그 제자 리만(G. F. B. Riemann, 1826~1866)이다. 가우스는 리만이 전개한 절묘한 곡률의 이론에 흥분한 나머지 시궁창에 빠진 줄도 몰랐다는 그럴듯한 이야기가 전해지고 있다. 그런데 더 놀라운 일은 이 이론을 발표할 때 리만은 수식을 하나도 사용하지 않았던 것이다.

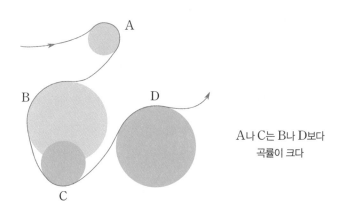

A나 C는 B나 D보다
곡률이 크다

그것도 그럴 것이, 이 이론은 앞으로 이야기하게 될 비유클리드 기하학을 확고한 것으로 만들어주는 기초였기 때문이었다. 리만의 이 역사적인 연구는 사강사(私講師, 지금의 대학 시간강사)가 되기 위한 짤막한 자격 강연에서 발표된 것이다. 이 자격 시험의 시험관은 가우스였다. 여기서 그는 기하학의 기초가 되는 공간의 구조를 결정하기 위해서는 곡률이 불가결의 개념이라는 것을 밝히면서, 가우스가

3차원 공간에 대해서 다루었던 곡률을 보다 차원이 높은 일반적인 공간에까지 확대하였다.

그러나 곡률의 중요한 성질을 이해하는 데는, 구태여 고차원의 공간을 생각할 필요없이, 1차원의 공간인 곡선만으로도 충분하다.

곡률의 값 곡률을 쉽게 구하는 방법

곡선을 원(＝원주)의 일부로 간주하고, 그 원의 중심을 찾아내기만 하면, 이 곡선의 곡률이나 곡률반경을 쉽게 구할 수 있다. 그러나 그러한 원을 찾는다는 것부터가 '고양이의 목에 방울을 달아매는' 격으로 간단한 문제가 아니다. 공책에 그린 곡선일지라도 직선에 가까운 부분의 곡률중심(曲率中心), 즉 이것을 원의 일부로 간주했을 때의 그 원의 중심은 공책 밖으로 튀어나가 버린다. 하물며 이 우주의 구부러진 정도(＝곡률)는 극히 작으므로, 곡률반경은 어마어마하게 길어져서 그러한 원의 중심은 엄두도 내지 못하게 된다.

이 때문에 실제로 곡률을 구할 때는 곡률반경이라는 큰 양(量) 대신에 다른 적당한 방법을 택해야 한다. 어떻게 하면 좋을까?

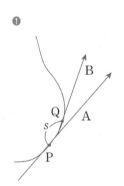

지금 곡선상의 한 점 P에서 그 곡선이 어느 쪽을 향하고 있는가를 그림 ❶과 같이 화살표 A로 나타내기로 하자. A는 점 P에서 이 곡선의 접선이다. 또 P에 가까운 곡선상의 점 Q에서의 접선을 B로 하자. 그리고 P, Q 사이의 곡선의 거리를

s로 한다. 이때 P, Q 사이의 부분이 구부러져 있으면 두 화살표 A, B의 방향은 서로 달라진다.

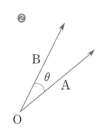

이 방향의 차이는 그림 ❷와 같이 화살표를 평행이동시켜서 그 출발점을 맞추어 주면 잘 알 수 있다.

P, Q 사이의 거리가 짧은데도 두 화살표의 방향차가 크면, 이 곡선의 구부러진 상태가 심하다. 즉, 곡률이 크다는 것을 알 수 있다. 이 사실에 비추어, 두 화살표의 방향의 격차를 각 θ로 나타내면,

$$곡률 = \frac{\theta}{s}$$

와 같이 정해진다.

즉, 두 화살표의 방향의 차(θ)와 화살표 사이의 거리(s)의 비로 곡률을 나타낼 수 있다. 이 곡률을 K로 나타내면, 그 역수

$$\frac{1}{K}$$

이 곡률반경이 된다. 곡률반경을 구하기 위해서는 엄청나게 긴 거리를 측정해야 할 것같이 생각되지만, 실제로는 그럴 필요가 없다.

곡률은 얼핏 대단한 것이 아닌 것처럼 보일지 모르지만, 실은 바로 이 곡률을 바탕으로 '비유클리드 기하학'이라는 새로운 수학의 세계를 개척할 수가 있었으니 정말 무서운 발상이라고 할 수 있다. 그렇다면, 이 곡률의 어디에 깜짝 놀랄 절묘한 아이디어가 숨어 있는 것일까?

가우스 이전까지는, 곡면이라고 하면 3차원의 공간에 포함되어 있는 것으로, 따라서 그 바깥에서 관찰해야 할 도형이었다. 그러나, 가우스는 곡면을 그것만으로 독립적으로 존재하는 것으로 보고, 좌표를 곡면 속에 취해 생각했다. 그는 곡면을 그 자신의 내부에서 고찰하는 방법, 즉, 곡면을 그것을 둘러싼 공간과는 관계가 없는 것으로 다루는 방법을 생각했는데 그것이 바로 곡률이다. 즉, 곡률이 곡면의 '내적 성질'임을 가우스는 증명했던 것이다. 이 생각을 공간의 경우에까지 확장한다면, 이제 이 공간을 둘러싼 4차원의 공간이라는 '괴물'을 설정하지 않아도 된다. 물론, 2차원의 경우로부터 일반적인 고차원의 공간으로 확장할 때에는 큰 어려움이 따르지만, 이것을 극복한 사람이 가우스의 제자 리만이었다.

이처럼, 어떤 혁명적인 사상이라도 그 결정적인 핵심은 극히 간단한(?) 것이다. 비유클리드 기하학의 핵심이 되는 발상은 바로 이 곡률의 생각이었다.

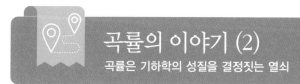

곡면의 종류

'곡면'을 문자 그대로 풀이한다면 '구부러진 면'이라는 뜻이 된다. 이러한 면에는 직선이 들어 있을 턱이 없다고 생각하기가 쉽지만 그렇지도 않다. 이러한 관점에서 생각하면, 곡면을 '직선을 그을 수 있는 면', '직선을 그을 수 없는 면'의 두 가지로 나눌 수 있다.

직선을 그을 수 없는 면을 '복곡면(複曲面)'이라는 까다로운 이름으로 부르는데, 그 대표가 구면이다. 구면상에 그은 선은 결코 직선이 될 수 없다. 하기야 대원(大圓, 구의 중심을 지나는 평면이 구면과 만나는 부분)을 구면상의 '직선'이라고 부르는 경우도 있지만. 구를 한쪽 방향으로 똑같이 짓누른 형태의 타원체면(楕圓體面), 탄환껍질 모양을 한 포물체면(抛物體面), 계란이나 귤, 사과, 감자 등의 표면도 모두 복곡면이다.

이에 대해서 직선을 그을 수 있는 면을 '단곡면(單曲面)'이라고 한다. 사람의 손을 거친 물건 중에는 이 단곡면의 것이 많다. 예를 들면, 원기둥의 옆면에는 축과 평행인 방향으로 직선을 그을 수 있고,

원뿔의 모선도 직선이다.

이 단곡면 중에는 적당히 잘라서 펼치면 평면이 되는 것, 즉 전개도를 만들 수 있는 것과 그렇게 할 수 없는 것이 있다. 이 중 전자, 즉 전개도를 만들 수 있는 것을 '가전면(可展面, 전개가 가능한 면)'이라고 한다. 원기둥의 옆면(전개하면 직사각형), 원뿔의 옆면(전개하면 부채꼴) 등이 그 대표적인 예이지만, 다음 그림과 같은 것들도 가전면이다.

단곡면, 그러니까 그 안에 직선을 포함하는 곡면이면서도 평면으로 펼칠 수 없는 곡면을 '사곡면(斜曲面)'이라고 한다.

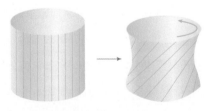

왼쪽의 기둥면을 비틀면 오른쪽과 같은 사곡면이 된다.

그렇다면 감자의 표면은 어떤 곡면일까?

이상의 설명만으로도 짐작할 수 있겠지만 곡면, 즉 2차원 공간은 1차원 공간인 곡선에 비해 훨씬 복잡하다. 그러니 3차원 공간, 4차원 공간, …으로 차원이 올라감에 따라, 공간의 구부러진 상태를 파악하는 일이 얼마나 힘겨운 일인지 상상할 수 있겠는가!?

곡률은 공간(기하학)의 형태를 결정한다!

곡면의 구부러진 상태를 나타내기 위해서는 물론 곡선의 경우를 참고로 삼을 수 있지만, 그것을 그대로 적용할 수는 없다. 예를 들면, 계란 표면 위의 한 점 P에서의 곡률은 한 가지로(일의적으로) 정할 수 없다. 같은 점을 지나는 곡선일지라도, 어떤 방향으로는 구부러짐이 심하고, 다른 방향으로는 완만하게 되어 있다. 게다가 P점을 지나는 직선은 무수히 많아서 각 곡선마다 곡률이 다르다.

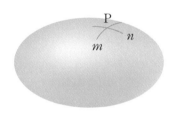

P점에서 가장 심하게 커브하고 있는 곡선의 곡률을 m, 가장 작은 것을 n이라고 하면, m과 n의 방향은 항상 직각으로 만난다.

그러나 다음과 같이 하면 P점에서의 곡면의 구부러진 상태를 간단히 나타낼 수 있다. 즉, 이 곡선들 중에서 가장 구부러짐이 심한 것의 곡률을 m, 역으로 가장 작은 것의 곡률을 n이라고 하면, m의 방향과 n의 방향은 언제나 직각으로 만난다. 그러니까 곡면상의 동서 방향으로 가장 심하게 구부러져 있다면 남북방향의 구부러짐이 가장 완만하다는 이야기가 된다. 단, 말안장이나 고갯마루처럼 한쪽은 볼록, 다른 한쪽은 오목하게 구부러진 곡면에서는, m을 볼록한 것

중의 최대의 곡률, n을 오목한 것 중에서 최대의 곡률(부호는 마이너스)로 한다.

특별한 경우로 $m=n$일 때가 있다. 이때 그 점에서는 곡면상의 모든 방향의 곡률이 같아진다. 이러한 점을 '배꼽점(제점 臍點)'이라고 한다. 문자 그대로 배꼽을 머리에 떠올리기 바란다. 구면상에서는 모든 점이 배꼽점이다.

여기서 몇 가지 용어를 소개해 둔다. 곡면상의 한 점에서 m(이 점을 지나는 곡선 중에서 구부러짐이 가장 큰 것의 곡률)과 n(구부러짐이 가장 작은 것의 곡률)의 평균

$$H = \frac{1}{2} \times (m+n)$$

을 그 점의 '평균곡률(平均曲率)'이라 하고, m과 n의 곱

$$K = m \times n$$

을 '전곡률(全曲率)'— 또는 '가우스의 곡률'— 이라고 한다. 그리고 곡면상의 모든 점에서의 전곡률이 똑같은 면을 '정곡률면(定曲率面)'이라고 한다. 구면은 정곡률면이지만 계란의 표면은 그렇지 않다.

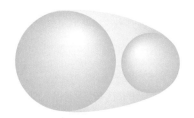

계란 껍질의 표면은 정곡률면이 아니다.

그러면 지금부터 곡면과 곡률의 관계에 대해서 알아보자.

기둥, 뿔(錐) 등의 옆면과 같이 펼치면 평면이 되는 가전면(可展面)에서는 전곡률은 0이 된다. 그 이유는 모선의 방향으로는 곡률이 0이고, 모선과 직각방향이 항상 최대곡률(플러스)로 되어 있으며, 이 둘을 곱하면 0이 되기 때문이다.

구면에서는 전곡률 K의 값이 플러스 ― 구가 작을수록 K의 값은 크다!― 이고 일정하다. 그렇다면 K의 값이 마이너스이고 일정한 그러한 곡면도 존재할까? 있다. '위구(僞球, 거짓 구!)' 또는 '의구(擬球)'라고 불리는 것이 그것이다.

앞에서 이야기한 '트랙트릭스(견인곡선)'를 아래 그림처럼 360도 회전시켰을 때 생기는 곡면인 위구가 곧 마이너스의 전곡률을 갖는 정곡률곡면(定曲率曲面)이다. 이 곡면의 중앙 부분에서는 단면(원) 방향의 곡률은 다른 부분과 비교하면 작지만, 이것과 직각을 이루는 방향(점선의 방향)의 곡률의 값은 크다. 그리고 좌우 끝쪽으로 갈수록 단면인 원의 반경은 작고, 따라서 그 방향의 곡률은 점차 커지지만,

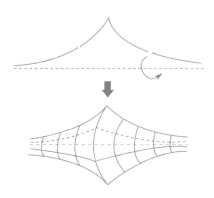

전곡률 K가 일정한 마이너스 값을 지닌 곡면

이것과 직각을 이루는 방향의 곡률의 절대값은 점점 작아진다. 요컨대 두 방향의 곡률의 곱 — 전곡률 — 은 어디서나 일정하다.

'위구'라는 명칭은 그 성질이 구와 대조적이라는 사실에서 붙여졌다. 즉, 구와 위구는 둘다 '정곡률곡면'이지만 전자의 곡률이 플러스인 데 대해 후자의 곡률은 마이너스이다. 그러나 위구는 전체적으로볼 때 매끄러운 곡면이 아니다. 곡률이 마이너스인 정곡률면이면서어디서나 매끄러운 곡면은 실제로는 3차원 공간 내에 존재하지 않는다.(힐베르트의 증명)

유클리드 기하학에서는 '직선 밖의 한 점 P를 지나서 이 직선과평행인 직선'은 꼭 하나 있지만, P점을 지나는 평행선이 얼마든지(무수히!) 존재하게 되는 비(非)유클리드 기하학 — 정확히 말해서 '로바체프스키(Lobachevskii, 1792~1856)와 보여이(Bolyai, 1802~1860)의비유클리드 기하학'— 은 이 위구면 위에서 성립한다.

이처럼 곡률은 공간의 형태, 더 나아가서 기하학의 형태까지도 결정하는 아주 중요한 구실을 한다.

2
차원이란 무엇인가

도형을 몇 개의 수로 나타내듯이 공간을 숫자로 표현
해서 구별하는 것이 '차원'이라는 개념이다.

모양을 수로 나타내면?
도형의 스케일

오늘날의 과학은 수량으로 표시하고 이들 양을 서로 비교함으로써 결론을 이끌어내는 방법을 쓴다. 실제로 어떤 두 도형을 비교하고자 할 때, 단순히 어느 쪽이 더 크다 또는 모양이 비슷하다고 말하는 것보다 이러한 성질을 숫자를 써서 나타내면 둘 사이의 관계가 훨씬 더 분명해진다.

도형에 관한 가장 간단한 양은 크기, 또는 길이일 것이다. 영어로는 이것을 '스케일(scale)'이라고 부른다. 그러므로 스케일이라고 하면, 보통 하나의 숫자로 나타내어진다.

많은 도형 중에서도 스케일, 즉 그 크기를 나타내는 숫자를 하나만 갖고 있는 것은 구와 원, 그리고 선분뿐이다. 구와 원의 경우에는 지름(또는 반지름)이 대표적인 스케일이고, 선분의 경우에는 그 길이가 그것이다.

이것들 이외의 도형은 반드시 두 개 이상의 스케일을 갖고 있다. 예를 들어 다음 그림 ❷의 타원은 두 개의 스케일을 갖고 있다. 이 중 a를 '장축' b를 '단축'이라고 부른다.

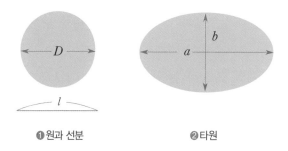

❶원과 선분   ❷타원

　정사각형은 '한 변의 길이'라는 스케일 하나만을 가지고 있는 것
같지만, 실은 그 외에 변의 개수인 '4'라는 스케일을 가지고 있다.

　일반적으로, 정다각형은 '변의 개수'와 '한 변의 길이'라는 두 수가
주어지면 정해지는데, 정사각형도 그중의 하나이다.

　정사각형의 모양을 바꾸어 마름모로 만들면, 두 변 사이에 낀 '각
도'(그림 ❸에서의 a)라는 새로운 양이 필요하다. 도형이 복잡해질수
록 많은 스케일이 필요해지는 것이다.

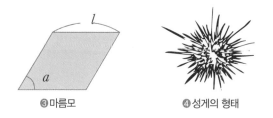

❸마름모   ❹성게의 형태

　더 복잡한 형태로는, 그림 ❹의 성게의 모양 같은 것이 있다. 여기
서 가시 부분을 무시하고 몸뚱이에만 주목하면, 그 형태는 '회전타원
체(타원을 회전시켜서 된 도형)'와 비슷하다. 그 형태는 위에서 본 지름

과 옆에서 본 두께라는 두 수치로 나타내어진다. 한편, 가시 부분에 주목하면, 길이와 끝부분의 날카로움의 정도라는 두 개의 스케일을 갖고 있다.

도형을 몇 개의 수로 나타내듯이 공간을 숫자로 표현해서 구별하는 것이 '차원'이라는 개념이다. 이제부터 이 차원에 관해서 알아보기로 한다.

차원이란 무엇인가
한국인의 사고는 몇 차원일까?

1차원의 세계

직선상에 적당히 한 점을 정해놓으면, 나머지 모든 점은 그 점으로부터의 거리로 나타낼 수 있다. 이와 같이 하나의 양(量)만으로 정해지는 세계를 1차원의 세계라고 부른다.

이러한 1차원의 세계는 실생활 속에서도 여러 곳에서 볼 수 있다. 오직 그것 하나만으로 응시자의 온갖 능력을 평가하는 대학수학능력시험의 성적이 그 가장 좋은 예이다. 또 학생의 성적을 표현하는 방법에는 여러 가지가 있지만, 학교에서는 기본적으로 시험 점수 하나로 1등, 2등, …과 같이 정하고 만다. 그러니까 내세운 구호야 무엇이든 적어도 우리나라 학교의 현실은 1차원의 세계임에 틀림이 없다.

직업은 사람으로 하여금 1차원적인 사고를 하도록 만들기 마련이다. 자동차 운전수는 달리는 차 앞을 함부로 가로지르지 않는 사람이 가장 착하게 보이고, 술집에서는 외상값을 어김없이 갚아주는 손님이 가장 소중하고, 학교 선생님은 공부 잘하는 학생이 가장 예쁘고, … 등 말이다.

우리나라 사람들은 남의 수입에 대해서 관심이 유독 많은 것 같다. 초면에 몇 마디를 나누다가도 대뜸 한달 수입이 얼마인가를 따져 묻고는 그 액수로 상대방의 인격을 평가하려 드는데, 이러한 사고는 분명히 사람을 1차원적으로밖에 보지 못하는 데에서 비롯된다.

2차원의 세계

평면상의 임의의 점은, 적당히 한 점을 정해놓으면, 그 기준점으로부터 가로, 세로가 각각 얼마의 거리에 있는가를 앎으로써 그 위치를 파악할 수 있다. 즉, 평면에는 '가로'와 '세로'라는 독립적인 기준이 2개 있다. 이러한 세계를 2차원의 세계라고 부른다. 마찬가지로, 기준이 3개 있는 세계를 3차원, 기준이 4개 있는 세계를 4차원이라고 한다. 그러니까 일반적으로 기준이 n개 있는 세계는 n차원의 세계가 된다.

요즘에는 젊은 사람들 중에도 명함을 가진 사람이 많다. 명함에는 으레 소속 기관의 이름과 그 기관 내에서의 본인의 지위가 적혀 있는데, '○○회사'라는 직장과 '○○○ 계장(과장, 또는 부장)'이라는 직장 내의 위치는 서로 독립된 기준이다. 명함을 받은 사람은, 마치 평면상의 가로축 쪽으로 시선을 옮기는 것처럼 먼저 '○○회사'라는 대목을 보고, 다음에 세로축에 해당하는 '○○○ 계장(과장, 부장)'이라고 적힌 곳을 읽는다. 이렇게 보면, 명함의 세계는 2차원이라는 이야기가 된다. 그렇다면 오늘날 한국의 직장인은 2차원의 세계에서 전력투구하고 있는 셈이다

다른 차원(異次元)의 세계

3차원이나, 4차원도 서로 영향을 끼치지 않는 기준(또는 지표)의 개수가 차원을 나타내는 수라는 점에서는 마찬가지이다. 예를 들어, 이른바 '4차원 공간'이라는 공상과학소설 세계의 기준은 가로, 세로, 높이, 그리고 시간의 네 가지이다. 매사를 남편의 수입으로 따지는 아내와 인생의 참뜻만을 골똘히 생각하는 남편이 있다면 이 둘은 서로 다른 차원에서 살고 있는 것이다. 밖에서 젊은이들을 상대로 철학적인 토론으로 세월을 보내는 소크라테스가, 보통의 상식으로는 '똑똑한' 여성이었던 그의 아내 크산티페의 눈에는 할일 없이 쏘다니는 건달쯤으로밖에 비치지 않았던 것은 너무도 당연한 일이다. 다른 차원(異次元)의 세계에 사는 남녀끼리 만나서 사는 것처럼 불행한 일이 없다는 것을 처음으로 간파한 것은 니체가 아니고 소크라테스였다!

2차원으로 본 3차원 세계
2차원의 눈으로 3차원의 세계를 보다

탁자 중앙에 10원짜리 동전을 놓고, 그 바로 위에서 바라보면 동전은 원으로 보인다. 그러나 탁자 가장자리로 물러나서 눈의 위치를 낮추어가면, 동전의 모양은 원형에서부터 차츰 바뀌어져서 마침내는 '직선'이 되고 만다.

종이에 그린 삼각형이나 사각형, 그 밖의 평면도형을 탁자 위에 놓고 보아도 마찬가지이다. 탁자 가장자리에 눈을 대고 보면 이것들의 모습은 똑같이 '직선'이다. 이것이 2차원 세계에 사는 '사람'의 모습인 것이다.

위, 아래가 존재하지 않는 2차원의 세계에는 태양도 없고 그림자를 생기게 하는 빛도 없다.

지금 삼각형의 모습을 한 — 3차원의 세계에 살고 있는 우리의 눈에는 그렇게 보인다는 이야기다 — 2차원의 인간이 같은 세계에 사는 다른 인간을 향해 오고 있다고 하자. 그 인간이 가까이 다가올수록, 그의 모습인 선(2차원의 인간끼리는 서로 그렇게밖에 보이지 않는다)은 커지고, 멀리 떨어질수록 작아진다. 그 사람이 3차원 세계에 사는

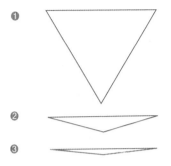

눈높이를 낮추며 탁자에 놓인 삼각형을 본 모습

우리의 눈에 삼각형으로 보이든 사각형으로 보이든, 또 오각형, 육각형 아니면 원으로 보이든 무엇으로 보이든지 상관없이 2차원의 인간에게는 오직 직선으로밖에는 보이지 않는 것이다.

이런 불편한 환경 속에서 어떻게 친구와 다른 사람을 구별할 수 있을까, 하는 등의 궁금증은 우선 접어두고, 이 2차원의 인간이 만일 3차원의 세계를 들여다보았다면 어떻게 될까 생각해보자.

모르기는 하지만, 듣지도 보지도 못했던 광경 앞에서 아마 무서운 공포 때문에 미쳐버릴 것이다. 여기는 선이 아닌 선들로 가득찬 세계이며, 자신마저도 본래의 자신이 아니다. 이런 때 만일 소리를 지를 수 있다면, 이렇게 외칠 것이 틀림없다.

"내가 미쳤을까? 그렇지 않으면 여기는 지옥이다!"

이때 3차원의 주민인 '구(球)'가 다가왔다고 하자. 만일 그가 친절하고 상냥한 친구라면, 새로운 우주를 처음 보고 어쩔 줄 모르고 있는 나그네에게 이렇게 타일렀을 것이다.

　"당신이 보인다고 생각하고 있는 것은 보이지 않습니다. 나의 내부는 당신뿐만 아니라 다른 아무도 볼 수 없습니다. 나는 2차원 세계의 생물이 아니기 때문입니다. 내가 살고 있는 세계는 2차원과는 다른 차원입니다. 내가 원이라면 당신은 나의 내부를 볼 수 있습니다. 그러나 나는 많은 원으로 된 것들을 하나로 엮은 것이며, 이 우주에서는 '구'라고 불리고 있는 것입니다. 마치 정육면체의 바깥 부분이 정사각형인 것처럼 나의 바깥 부분은 원의 모양을 하고 있습니다."

　물론, 2차원 세계로부터의 침입자는 이 설명을 듣고 더욱 난감해할 뿐이겠지만 말이다.

꼬인 위치
공간과 평면의 차이

평면상의 두 직선은 평행이 아니면 반드시 만난다. 그러나 공간상에서는 두 직선 사이에 이것들 외에 또 하나의 관계가 있다. '꼬인 위치'라는 것이 바로 그것이다. 이 관계를 이용한 하나의 보기가 도로나 선로의 입체 교차이다.

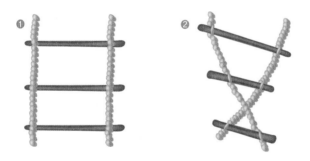

❷는 ❶의 줄사다리를 꼬아놓은 모양이다.

두 개의 도로가 '꼬인 위치'에 있으면서 이어져 있을 때, 이 두 도로(실은 하나)가 만드는 곡선은 평면상의 곡선, 즉, '평면곡선'은 아니다.

인터체인지 | 꼬인 위치에 있지만 평면상에 있지 않기 때문에 만나지 않는 공간곡선이다.

평면상에서라면 반드시 만나기 때문이다. 이러한 곡선을 '공간곡선'이라고 한다.

공간곡선

평면곡선과 공간곡선의 차이는 꼬인 위치와 깊은 관계가 있다. 그래서 공간곡선을 분석할 때에는 꼬인 정도가 얼마인가를 계산한다. 이것을 '열률(捩率, 비틀림률)'이라고 부른다. 당연한 이야기지만 평면곡선은 열률이 0이다. 역으로 열률이 0이면 평면곡선이라는 것을 알수 있다.

평면적인 세계에서 살고 있으면, 만나기 싫은 사람과도 어쩔 수 없이 만나게 된다. 집으로 들어가는 골목 모퉁이에 날이면 날마다 버티고 있는 저 무시무시한 맹견, 비록 쇠사슬에 묶여 있다고는 하지만 생각만 해도 등골이 오싹해진다. 그래서 이 무서운 상대를 따돌리는 홍길동 같은 재주가 있었으면 하는 공상을 해본 적이 누구나 한 번쯤은 있을 것이다.

이런 때 수학을 아는 사람이라면, 공간도형의 꼬인 관계를 이용하는 방법이 있지 않을까 하고 이렇게 저렇게 궁리하는 동안이나마 즐겁게 시간을 보낼 수 있다. 이처럼 그럴듯한 공상을 자꾸자꾸 펼쳐나갈 수 있는 것이 기하학을 배우는 즐거움 중의 하나이다.

2차원 : 곡률

3차원 : 곡률, 열률

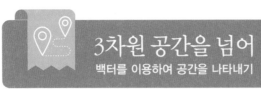

3차원 공간을 넘어
백터를 이용하여 공간을 나타내기

다시 벡터에 대해서

공간의 점을 단순히 점으로서가 아니라 자신과 관계되는 '점'으로 생각할 때, '벡터'라는 개념이 생긴다. 자신을 기준으로 하여 바라보면, 공간상의 점은 모두 어떤 '방향'으로 어떤 '거리'만큼 간 위치에 놓여 있다. 이처럼 '방향'과 '거리'를 합쳐서 생각한 점을 '벡터'라고 부른다는 것은 이미 이야기했다.

여기서 잠시 기억을 되살려보면, 자신의 위치(원점)를 O, 점의 위치를 P라고 할 때, 벡터는 화살표를 써서 다음과 같이 나타낼 수 있다.

$$\overrightarrow{OP}$$

이처럼 모든 공간의 점 P는 유향선분(벡터) $\overrightarrow{OP}$로 바꿀 수 있다. 즉 공간 내의 점의 개수만큼 벡터가 만들어지기 때문에, 점의 개수와 벡터의 개수는 같다.

벡터를 이와 같이 정하면(정의하면), 벡터에 관해서 다음과 같은 연산이 성립한다.

지금, 두 개의 벡터 $\overrightarrow{OP}$와 $\overrightarrow{OQ}$ 가 있다고 하자. 이때, 선분 $\overrightarrow{OP}$ 와 선분 $\overrightarrow{OQ}$로 만들어지는 평행 사변형에서 꼭지점 O의 맞꼭지 점을 R로 나타내면, 벡터 $\overrightarrow{OR}$이 생긴다. 이것을,

'$\overrightarrow{OP}$와 $\overrightarrow{OQ}$를 합하면 $\overrightarrow{OR}$과 같다'

즉,

$$\overrightarrow{OR}=\overrightarrow{OP}+\overrightarrow{OQ}$$

라고 정한다.

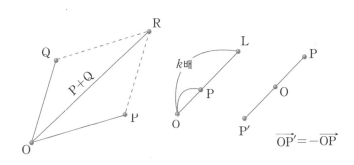

$$\overrightarrow{OP'}=-\overrightarrow{OP}$$

또 한 가지 연산은 벡터 $\overrightarrow{OP}$를 몇 배하는 일이다. 즉, $\overrightarrow{OP}$의 방향으로 O에서의 거리가 $\overrightarrow{OP}$의 길이의 $k(k>0)$배만큼 되는 위치에 있는 점을 L이라고 하자.

이때, 벡터 $\overrightarrow{OL}$을 $\overrightarrow{OP}$를 k배하여 만든 벡터라고 부르고

$$\overrightarrow{OL}=k\overrightarrow{OP}$$

와 같이 나타낸다. 그리고 $\overrightarrow{OP}$의 반대 방향으로 선분 $\overrightarrow{OP}$의 길이의 k배가 되는 위치에 있는 점을 P′이라고 하면

$$\overrightarrow{OP'}=(-k)\overrightarrow{OP}=-k\overrightarrow{OP}$$

라고 쓴다.

따라서 $(-1)\overrightarrow{OP}$는 $-\overrightarrow{OP}$와 같이 나타낸다. 또 원점 O는 O 자신으로부터는 방향도 거리도 없지만,

$$\overrightarrow{OO}=\vec{0}$$

와 같이 나타내기로 한다. 그리고,

$$\vec{0}+\overrightarrow{OP}=\overrightarrow{OP}+\vec{0}=\overrightarrow{OP}$$
$$\overrightarrow{OP}+(-\overrightarrow{OP})=\vec{0}$$
$$0\times\overrightarrow{OP}=\vec{0}$$

로 정한다. 위 식을 보면 $\vec{0}$가 보통의 수의 계산에서의 0(영)의 구실을 한다는 것을 금방 알 수 있을 것이다.

이와 같은 약속을 하면, 공간상의 점은 모두 벡터 $\overrightarrow{OP}$의 꼴로 나타낼 수 있고, 벡터 사이에서는 '덧셈'과 '몇 배(실수(實數)배)한다'라는 연산을 할 수 있게 된다.

'공간은 3차원이다'의 증명
이번에는, 방금 설명한 벡터를 써서 공간이 3차원임을 증명해보자.

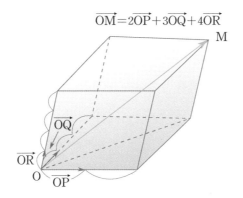

$$\overrightarrow{OM}=2\overrightarrow{OP}+3\overrightarrow{OQ}+4\overrightarrow{OR}$$

세 개의 벡터를 쓰면 공간상의 어떤 벡터라도 나타낼 수 있다.

같은 평면상에 있지 않은 세 개의 벡터 $\overrightarrow{OP}, \overrightarrow{OQ}, \overrightarrow{OR}$을 적당히 정하면, 어떤 벡터 $\overrightarrow{OM}$도 이들 세 벡터를 써서,

$$\overrightarrow{OM}=k\,\overrightarrow{OP}+l\,\overrightarrow{OQ}+m\,\overrightarrow{OR}$$

처럼 나타낼 수 있다. 이것은 위 그림을 보면 명백하다.

그러나 두 개의 벡터를 가지고는 그렇게 할 수가 없다. 가령 두 벡터를 $\overrightarrow{OP}, \overrightarrow{OQ}$라고 하면, $k\overrightarrow{OP}+l\overrightarrow{OQ}$가 나타내는 벡터는 $\overrightarrow{OP}$와 $\overrightarrow{OQ}$를 포함하는 평면 밖으로는 결코 나올 수 없기 때문이다.

이상의 사실을 정리의 형식으로 나타내면 다음과 같다.

공간상의 어떤 벡터(=점)도 세 개의 벡터로부터 대수적 계산으로 구할 수 있지만, 두 개 이하의 벡터의 계산에서는 구하지 못하는 점이 생긴다.

이것은 얼핏 생각하기에는 별것도 없는, 아니 이미 경험을 통해 터득하고 있는 일상적인 방향 감각 — 이를테면, 동서남북이라든가 상하의 관념 — 을 고쳐 표현한 것에 지나지 않는 것처럼 보일지 모른다. 설령, 이런 소박한 느낌보다 세련된 개념이라 할지라도, '공간 상에서 서로 직교하는 직선은 세 개밖에 그을 수 없다'라는 갈릴레이의 생각보다 조금도 나을 게 없는 것처럼 보인다.

그러나 따지고 보면 우리의 방향 감각이라는 것은 지극히 애매모호하다. 방향은 동, 서, 남, 북뿐만 아니라 동남, 동동남, 남동, 남남동, … 등 실로 무한히 많다. 이처럼 무한히 많은 방향 중에서 세 가지 방향을 골라내는 근거가 분명치 않다. '직교하는 3직선'이라는 갈릴레이의 설명은 그런대로 명쾌하지만, 공간상의 점이 이 3직선과 어떤 관계가 있는가에 대해서 아무런 말이 없다는 것은, 더 이상 차원의 개념을 발전시킬 여지를 막아버린 셈이다.

이에 대해서, '벡터'를 쓰면 공간의 어떤 점일지라도

$$k\overrightarrow{OP} + l\overrightarrow{OQ} + m\overrightarrow{OR}$$

과 같이 셈할 수 있다. 여기서 위와 같이 나타내어진 점을 간단히

$$(k, l, m)$$

과 같이 씀으로써, 공간의 점은 '3개의 (실)수의 조'에 의해서 표현되어진다.

이쯤 되면, '4개의 수의 조', '5개의 수의 조', … 일반적으로 'n개의 수의 조'로 확장시켜 나타내는 것은, 그리 어려운 일이 아니다. 이

처럼 공간의 점을 몇 개의 수의 조로 나타내는 좌표라는 개념은 데카르트의 해석기하학에서 비롯된 것이다. 이 점에서 데카르트의 공로는 갈릴레이에 비할 바가 아니다.

데카르트의 좌표 개념 즉, 직선상의 점을 1개의 수, 평면상의 점을 2개의 수의 조, 그리고 공간상의 점을 3개의 수의 조로 나타낸다는 발상은 1개의 점을 몇 갠가의 수의 조로 분해해서 생각한다는 것이며, 여기에 그의 꿈인 '분석적(=해석적) 방법'이 구체석으로 나타나 있다. 이 방법의 발견은 그야말로 인류 역사상 빛나는 업적이다.

이성의 철학자 데카르트에게 있어서 '잘 본다'라는 것은, '이성(理性)의 빛'을 통해 보는 것을 뜻했다. 세계는 이 이성에 의해서 구성되어야 했다. 그 구성 방법이 새로운 해석적 방법이었다. 따라서 공간은 하나뿐이라는 이전의 감각적인 세계상(世界像), 공간상(空間像)은 이성의 심사를 거쳐야 했다. 그 결과, 이성이 허락한다면 공간은 다양한 것일 수도 있다는 생각을 낳게 되었고, 마침내 유클리드 기하학과는 또 다른 공간관에 바탕을 둔 비유클리드 기하학으로의 길을 여는 준비를 갖춘 셈이 되었다.

데카르트 자신은 깨닫지 못했다 하더라도, 결과적으로, 그의 해석기하학에는 공간이 유클리드 공간 하나뿐은 아니라는 사상이 담겨 있었던 셈이다.

데카르트의 위대함은 결코 해석기하학의 발견에 끝나지 않는다는 말은 이러한 사실을 가리킨 것이다.

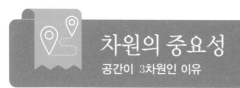

차원의 중요성
공간이 3차원인 이유

우리가 살고 있는 세계는 3차원의 공간이다. 전후, 좌우, 상하의 세 방향으로 뻗은 세계이기 때문이다. 그렇다면 좌우로만 뻗은 세계는 1차원의 공간, 좌우, 전후의 두 방향으로 뻗은 세계를 2차원의 공간이라고 부르는 것은 당연한 일이다.

그리스의 철학자 아리스토텔레스는 공간이 세 개의 차원을 갖는 이유를 다음과 같이 설명하고 있다.

선은 폭을 가지고 있지 않기 때문에 면으로 옮겨질 수 있다. 그러나 입체는 완전하기 때문에 길이, 폭, 깊이의 세 개의 차원을 넘어서 다른 차원으로 옮길 수 없다. 따라서 공간은 세 개의 차원을 가질 뿐이다.

이 아리스토텔레스의 말에서 짐작할 수 있듯이 차원이란 본래 '자유도(自由度)' 즉, 자유로이 움직일 수 있는 방향의 개수를 의미한다. 직선 위에서는 앞뒤로만 움직일 수 있을 뿐이므로 한 개의 변수(좌표)로 나타낼 수 있다. 이것을 아리스토텔레스와 같은 입장에서

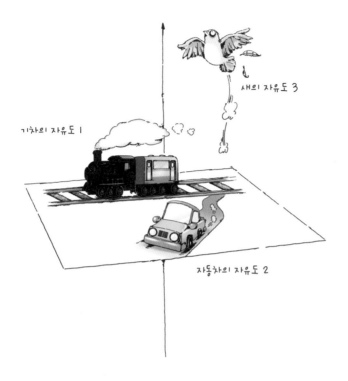

기차의 자유도 1

새의 자유도 3

자동차의 자유도 2

'1차원'이라고 부르자. 아무리 구부러진 곡선일지라도 그 위에서는 앞뒤로만 움직일 수 있으므로 — 즉, 자유도가 있으므로 — 1차원이다.

이에 대해서, 평면상의 점은 한 개의 변수로는 나타낼 수 없다. 평면상에서는 전후뿐만 아니라, 좌우로도 움직일 수 있기 때문이다. 여기서는 점의 위치를 나타내는 데 두 개의 변수가 필요하다. 즉, 자유도가 2이므로, '2차원'이라고 부른다. 휘어져 있어도 곡면은 두 개의 변수로 나타낼 수 있기 때문에 2차원이다. 예를 들면, 지구의 표면은 위도와 경도로 나타낼 수 있다.

공간에서는 전후, 좌우 이외에 상하의 운동도 가능하다. 따라서 그 위치를 나타내려면 공간좌표라고 불리는 세 개의 변수가 필요해진다. 이처럼 세 개의 자유도를 갖는 공간은 당연히 3차원이어야 한다.

3차원 공간에 또 하나의 자유도를 더해주면 4차원의 공간이 된다. 새로운 자유도로서 시간을 가정한다면, 이 4차원의 세계에서는 시간을 자유자재로 조절할 수 있으므로, 타임머신을 타고 원하는 대로 과거와 미래를 넘나들 수 있게 된다. 만일, 어떤 죄수가 사형을 선고받는다 해도, 감옥이 미처 세워지기 전의 시간으로 돌아가면, 거뜬히 탈옥할 수 있다. 그러니 지금과는 딴판인 뒤죽박죽의 세상이 될 것이 틀림없다.

이것은 이미 이야기한 바 있는 2차원과 3차원의 관계와도 같다. 2차원의 세계에 사는 생물이 있다면, 이 생물은 평면에 그어진 일종의 원에 갇힌 처지이므로, 3차원의 생물이 나타나면 기절초풍의 대혼란이 일어난다. 갑자기 3차원 생물의 손이나 발이 나타났다가 귀중한 생명이나 재산을 빼앗고 연기처럼 사라져버린다면, 그야말로 날벼락을 맞는 격으로 전혀 손을 쓸 수 없는 불가사의한 재난으로 포기할 수밖에 없다.

우리 주변에서 이를 비유해보면 목장의 우리 속에 갇힌 소나 말은 2차원 동물의 예이고, 하늘을 나는 새나 땅속을 파들어 갈 수 있는 토끼 등은 3차원 동물인 셈이다.

그건 그렇고 평면상에서는 두 직선은 반드시 평행 아니면 만나기 마련인데, 공간상에서는 평행도 아니고 그렇다고 만나지도 않는 '서로 꼬인' 관계라는 게 있었다. 이처럼 차원을 높이면 그만큼 도형의 종류도 많아지고, 여러 가지 흥미 있는 일들이 벌어지게 된다.

한 예로, 다음 그림과 같은 '클라인 병'이 그것 이다. 뒤에서 다시 설명 하겠지만 이 도형은 자세 히 보면 엉터리로 생겼 다. 그것도 당연할 것이, 4차원의 도형을 억지로 3

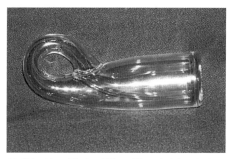

클라인 병 | 4차원의 도형을 3차원 공간에서 표현했다.

차원 공간에 나타냈기 때문이다. 이 그림을 이해하려면, 곡면끼리 교차하는 시간은 곡면 부분이 만들어졌을 때와 다른 시간이라고 생각하면 된다. 이를테면, 이 교차 부분은 죄수가 타임머신을 타고 교도소 담벽을 뚫고 나가는 것처럼 보아야 한다.

에셔의 그림
4차원의 도형을 2차원 위에 그린다!

　3차원의 도형을 2차원인 평면 위에 나타내는 방법으로, 투시화법(透視畵法)이 있다는 것은 여러분도 잘 알고 있을 것이다. 그러나, 스피드 시대인 요즘은 이런 미지근한 방법에는 만족할 수 없어 직접적으로 있는 그대로 나타내는 방법이 등장하고 있다. 저 '튀어나오는 그림'이 바로 그것이다. 인간이란, 불가능한 것을 기어이 가능하게

불가능의 삼각형

무한계단 | 유클리드적인 공간에서는 불가능하지만 다른 공간에서는 가능할 수도 있다.

만들지 않고는 직성이 풀리지 않는 괴상한 존재인가 보다.

이렇게 말하면, 에셔(M.C. Escher, 1898~1972)라는 화가가 그린 '무한계단(無限階段)'이나 '불가능의 삼각형(펜로즈의 삼각형)'을 문득 떠올리는 사람도 있을 것이다. 그러나 이 '불가능'은, 우리가 몸담고 있는 유클리드 공간 내에서는 불가능하지만, 다른 공간에서라면 가능해질 수도 있다. 즉, 부분적으로 보면 유클리드적인 도형이지만 전체적으로 따지면 그렇지 않은 공간 — 예를 들면 '리만 공간'이라고 불리는 비유클리드 기하학의 공간 — 에서라면 말이다.

3차원의 입체는 2차원으로 나타낼 수 있지만, 4차원의 물체를 2차원에 그릴 수 있을까? 이렇게 물으면 "무슨 뚱딴지같은…"이라는 볼멘소리가 당장에 들려올 것 같다. 그러나 이것이 불가능한 것은 아

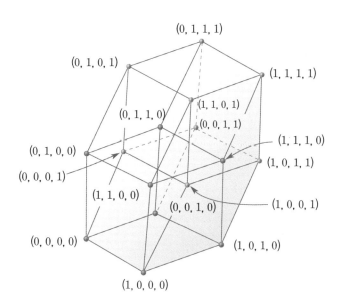

니다. 실제로 이제부터 4차원의 입체, 즉 '초입체(超立體)'를 평면 위에 나타낸 그림을 보여주겠다. 앞의 그림이 그러한 도형이다. "뭐가 뭔지…"라고 투덜거리지 말고, 자세히 그리고 끈기 있게 그림을 들여다보기 바란다. 여러분은 지금, '초공간'이라는 미지의 세계에 대한 탐험 여행을 즐기고 있으니까 말이다.

3차원 정육면체의 표면은 2차원의 평면이다. 따라서 4차원 정육면체의 표면은 모두 3차원의 정육면체로 되어 있어야 한다. 이 3차원의 정육면체가 4개의 좌표축의 앞뒤에 붙어 있기 때문에, 정육면체의 개수는 모두 8개가 된다. 앞의 그림은 4차원의 도형을 정면에서 본 것이다. 자세히 살피면 x, y, z, w의 4개의 차원에 대해서 8개의 3차원 정육면체가 연결된 상태를 알아볼 수 있다.

그러나 이 그림은 '3차원의 인간이 아닌 4차원의 인간이, 4차원의 입장에서 4차원의 도형을 바라본다면'이라는 전제하에서 그린 것이기 때문에, 여러분도 그러한 입장에서 보지 않으면 분간이 잘 안될 것이다.

이 그림 중, 실선으로 나타낸 것이 '보이는' 모서리이다. 우리가 3차원의 정육면체를 바라볼 때, 이 쪽의 면(2차원)은 모두 보인다는 사실을 머리에 떠올리면 다소는 짐작이 갈 것이다. 예를 들어, 주사위를 3차원의 인간인 우리가 보면 이쪽을 향한 3개의 면은 모두 볼 수 있다. 마찬가지로 4차원의 도형을 4차원의 인간이 볼 때에는, 3차원의 입체 4개쯤은 모두 앞뒤를 투시할 수 있어야 한다.

❶

3차원의 인간이 3차원의 정육면체를 평면에 그리면 위의 ❶과 같이 된다. 3차원의 인간이 3차원의 도형을 보는 것이기 때문에, 당연히 보이는 부분과 보이지 않는 부분이 생긴다. 이 그림에서는 실선은 보이는 모서리, 점선은 보이지 않는 모서리를 나타낸다.

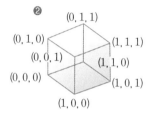

❷

그러나 4차원의 인간이 3차원의 입체를 보면, 정육면체의 뒤뿐만 아니라, 내부의 구석구석까지도 한눈에 볼 수 있다. 우리가 2차원의 도형을 볼 때를 생각해보자. 그 상황을 나타내기는 어렵지만, 어쨌든 정육면체의 모서리의 선은 위 그림의 ❷처럼 모두 보인다.

4차원의 집

'4차원의 세계'라는 말은, 아인슈타인의 상대성 이론이 나온 이후 물리학을 잘 모르는 사람들의 입에도 자주 오르내리는 인기 있는 화제 중의 하나가 되어 있다. 그러나 이 4차원은, 공간 자신이 4개의 차원으로 이루어져 있다는 뜻은 아니고, 3차원의 공간에 1차원인 '시간'을 덧붙여서 생각한 것이다. 그러니까 얼핏 공간과는 이질적인 시간이 공간과 대등한 자격을 갖는다고 주장하는 것이 상대성 이론이며, 여기서 가로·세로·높이에 이은 '제4의 좌표'는 시간을 가리키고 있다.

공간만으로 된 4차원 세계는 우리의 현실로는 공상에 지나지 않는다. 우주 공간에 뚫린 이상한 구멍 '블랙홀(black hole)'은 4차원의 신비로 가끔씩 공상과학소설에 등장한다. 이 우주의 어딘가에 일단 빨려 들어가기만 하면 절대로 빠져나올 수 없는 공간이 있는데, 밖에서는 이 구멍 속이 전혀 보이지 않는다. 아무리 강력한 빛을 발사해도, 레이저를 사용해도 소용이 없다. 완전히 불투명한 상태로 빛도, 전파도, 사람도, … 온갖 것을 집어삼켜버리는 무서운 구멍, 이것이 우주의 괴물 블랙홀이라는 그런 이야기 말이다.

우리가 살고 있는 세계는, 가로·세로·높이의 3방향으로 무한히 멀리 뻗어 있는 3차원의 공간이다. 이 세 가지 방향의 어느 것과도 직각으로 만나는 또 다른 방향은 현실에는 존재하지 않는다. 그러나 인간의 상상력은 한이 없어서, 3이 있으면 반드시 4가 있을 것이라고 생각하기 일쑤이다. 저 블랙홀의 이야기도 인간의 그칠 줄 모르는 탐욕스러운 상상력의 산물이다.

그건 그렇다 치고, 공상적인 4차원 공간에 세워진 입체의 집의 내부는 어떻게 생겼는지, 앞의 그림(4차원의 초입체)을 보면서 생각해 보자.

이 집은 밖에서 보면 평범한 입체형의 건물이다. 방 안을 살펴보아도 이상한 점은 눈에 띄지 않는다. 그런데 한 가지, 그 방의 4개의 정사각형의 벽, 그리고 천장과 마루까지도 모두 옆방과 이어지고 있는 점이 마음에 걸린다. 옆방에 들어가보면, 여기도 옆의 6개의 방과 같은 식으로 이어지고 있다. 또, 그 옆, 그 다음의 옆방에 들어가도 똑같이 벽과 천장과 마루가 다른 방에 이어져 있어서, 아무리 다녀봐도 밖으로는 나갈 수 없다.

옆으로 가든, 위로 올라가든, 또는 마루 아래로 내려가든, 계속 방이 나온다. "무슨 방이 이렇게도 많은가?" 하고 자세히 살피면 겨우 8개의 방을 왔다 갔다 할 뿐인데… 그야말로 귀신이 곡할 노릇이다. 이러한 신기한 장면이 자꾸 연출되기 때문에 4차원 세계의 이야기는 젊은이들의 꿈을 자극하는 모양이다. 아니, 이러한 상상은 단순한 흥미에 그치지 않고 우리가 살고 있는 3차원 공간의 세계를 이해하는 데 실제로 큰 도움이 되기도 한다.

무한계단 | 4차원의 공간을 2차원에 묘사함으로써 착시가 생긴다.

'자기닮음' 도형

우선 위의 그림을 눈여겨 봐주기 바란다. 처음에 정오각형을 그리고, 이것에 다섯 개의 대각선을 그으면, 이 정오각형의 중앙에 작은 정오각형이 만들어진다. 그리고 이것과 합동인 다섯 개의 정오각형을 처음의 정오각형 속에 만들고, 또 이들 정오각형 안에 조금 전과 같은 방법으로 정오각형을 만든 것이 위의 도형이다. 실제로는 여백이 없어서 불가능하지만, 머릿속에서는 이 과정을 한없이 되풀이 할 수 있다.

　이러한 도형을 '자기닮음도형'이라고 한다. '자기닮음'이란 도형의 각 부분이 전체 도형의 축소판이 되어 있는 경우를 말한다. 복잡한 모양으로 나타나 있는 자연현상 중에는 이러한 자기닮음의 예가 얼마든지 있다. 지형, 구름, 번개, 식물, 땅의 갈라진 금, 담배연기, … 등 말이다.

　자기닮음을 이용한 재미있는 예로는 프랑스산 치즈의 상표로 쓰이고 있는 '웃는 소'라는 그림이 있다. 이것을 보고 있노라면 과연 "프랑스 사람은 멋쟁이"라는 감탄이 저절로 나올 수밖에 없다. 이 '웃는 소'의 양쪽 귀에 귀고리가 달려 있는데, 그 귀고리 속에도 이 상표의 그림을 축소한 '웃는 소'가 그려져 있는 것이 아닌가! 그리고 이소의 귀고리에도 '웃는 소'의 상표가…
하는 식으로 한없이 똑같은 상표가 점점 작아지면서 나타난다는 것을 암시해주고 있다. 물론, 실제로는 두 개 정도밖에 그려져 있지 않다.

　이러한 '자기닮음도형'의 특징은 어떤 한 점에 수렴한다는 사실이다.

　수학적으로 유명한 '자기닮음도형'으로는 '코흐곡선'이라는 것이 있다. 이 코흐곡선은 1890년에 코흐(H.von Koch, 1870~1924)라는 사람이 그린 재미있는 도형인데, 한 개의 선분을 3등분하여, 그 중앙 부분을 정삼각형의 두 변처럼 생긴, 길이가 같은 두 선분으로 바꾸어 놓는다. 그러니까 전체 길이가 처음 길이의 $\frac{4}{3}$로 늘어난 것이다.

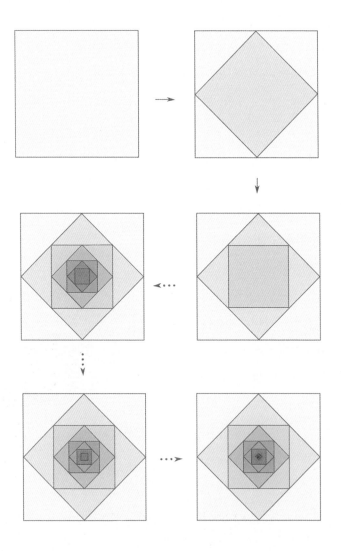

장미꽃(이것도 자기닮음도형)

다음에는 이 꺾은 선 $\frac{1}{4}$의 길이의 각 선분을 3등분하여, 또 그 중앙 부분을 …과 같이 똑같은 과정을 되풀이한다.

이것을 계속하면, 꺾은 선의 모양은 더욱더 미세하게 세분되어 마치 눈의 결정처럼 아름다운 형태를 이룬다. 이 때문에 이 곡선은 '눈송이(雪片)곡선'이라는 별명까지 가지고 있다. 이 '코흐곡선'을 때로는 뾰족한 곳(岬)을 바다 쪽으로 내민 해안선에 비유하기도 한다.

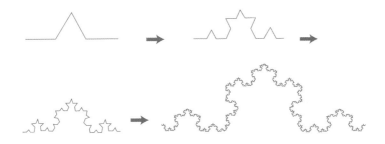

'프랙탈'

닮음도형이 다음과 같은 성질을 가지고 있다는 것은 잘 알려진 사실이다.

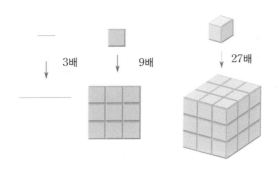

앞의 그림에서는 닮음비를 똑같이 3으로 하였으므로, 길이는 3^1이고, 면적은 $3^2 = 9$, 체적은 $3^3 = 27$배가 된다. 길이는 1차원의 양(量)이므로 3^1, 면적은 2차원의 양이므로 3^2이고, 체적은 3차원의 양이므로 3^3배가 된다. 즉, 각각의 양의 비는 닮음비의 몇 제곱이 되어 있는가를 나타내고 있는 것이다.

이것을 좀더 자세히 생각해보자.

다음 그림 ❶은 선분 AB를 N등분하여, 등분된 각 구간의 길이를 l로 나타낸 것이다. 그러니까 l과 N의 곱은 AB의 길이가 되고, 따라서, l의 길이를 어떻게 바꾸어도 전체 길이 AB는 변하지 않는다. 마찬가지로, ❷의 정사각형을 한 변의 길이가 l인 N개의 작은 정사각형으로 등분하였다고 하면, 이때 N과 작은 정사각형의 면적 l^2의 곱은 전체 면적이 된다. 여기서, l을 어떻게 잡아도 전체 면적이 변

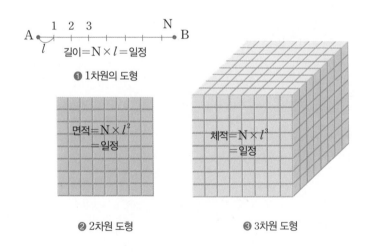

❷ 2차원 도형　　　　　　❸ 3차원 도형

도형의 차원과 (l)의 지수의 관계

하지 않음은 물론이다. 그리고 ❸의 정육면체에서는 N과 l^3의 곱이 l의 길이와는 상관없이 일정하다.

이러한 사실로부터 l의 어깨에 붙은 지수가 도형의 차원을 나타낸다는 것을 알 수 있다. 즉, 위의 예에서 선분은 1차원 도형, 정사각형은 2차원 도형, 그리고 정육면체는 3차원 도형인 것이다.

그런데 앞에서 이야기한 '코흐도형'의 경우, 닮음비가 3배이지만, 길이는 4배가 된다. 이때, 차원을 x로 하면 두 양의 비는 3^x이기 때문에

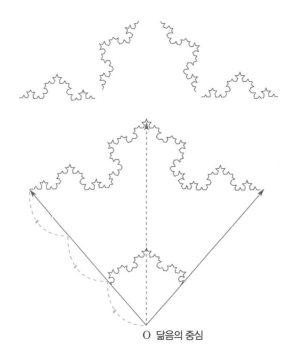

O 닮음의 중심

닮음비는 3배지만 길이는 4배가 된다.

$$3^x = 4$$

이다. 이 식의 양변에 로그(대수)를 취하면,

$$x \log 3 = \log 4$$

$$x = \frac{\log 4}{\log 3} = 1.26$$

즉, 코흐도형에서의 차원은 1.26과 같이 정수가 아닌 값으로 나타난다. 리아스식 해안선의 경우도 l의 차원은 비정수(非整數, 정수가 아닌 수)가 된다. 가령 아래와 같은 형태의 해안선의 경우,

$$N \times l^{1.33} = 일정$$

이라는 식으로 나타내어진다.

자기닮음도형 중에서 닮음비로부터 산출되는 차원이 정수가 되지 않는 것을 '프랙탈 도형'이라고 한다. 그리고 그 차원을 '프랙탈 차원'이라 부른다. 본래 '프랙탈(fractal)'이라는 이름은 '프랙션(fraction)', 즉 '분수'에서 비롯된 것이다. 보통 도형의 차원은 1이라든가 2, 3, …과 같이 자연수로 나타내지만, 프랙탈 도형의 특징은 그것이 비정수가 된다는 데에 있다. 3차원의 공간에서 살고 있는 우리에게는 이 정수가 아닌 차원은 선뜻 납득하기가 힘들지만, 까다롭게 생각하지 말고 도형의 성질을 특징짓는 것이라고 가볍게 받아들이면 된다.

도형의 형태를 수량화시켜서 나타내는 방법 —'정량화법(定量化法)' — 의 하나로 이 프랙탈 차원은 아주 쓸모가 있다. 예를 들면 리아스식 해안처럼 구불양장으로 비틀어진 곡선은, 프랙탈 차원이 1에 가까

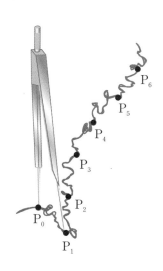

우면 비교적 매끄럽고, 2에 가까우면 한없이 구부러진 형태가 된다.

프랙탈이라는 개념을 만든 사람은 미국의 과학자 망델브로 (Mandelbrot)이다. 그는 도형의 불규칙적인 상태를 특징짓는 양(量)으로써 이것을 쓰기 시작했는데, 그 가장 대표적인 보기로 인용되는 것은 복잡하게 얽힌 해안선의 길이를 정하는 문제이다. 이 프랙탈 이론은 최근에는 여러 가지 방면에 응용되어 있다.

프랙탈 도형을 보고 있으면 싫증이 나지 않는다. 그것은 이 곡선이 무한히 미묘하게 변화하는 곡선이라는 것, 즉 무한을 암시하기 때문일 것이다. 무한은 우리에게 늘 매혹적이기 때문이다.

프랙탈 차원

프랙탈 도형의 연구, 즉 '프랙탈기하학'이 기존에 우리가 알고 있는 기하학과 다른 점은, 정수가 아닌 차원 그러니까 비정수(非整數)의

차원이 쓰인다는 점이다.

직선은 1차원, 평면은 2차원, 공간은 3차원, …과 같이 차원은 모두 정수(자연수)로 나타내어지는 것이 상식이다. 이처럼 차원이 정수로 나타내어진다는 것은 그것이 좌표의 개수와 관련되기 때문이다. 예를 들면, 폭이 없고 길이밖에 없는 직선상의 점의 위치를 나타내

생물학에 "개별 발생은 계통진화(系統進化)를 되풀이한다"라는 가설이 있다. 이 말은, 진화 과정을 볼 때, 어떤 개별적인 현상은 전체적으로는 하나의 패턴 속에서 일어난다는 뜻이다. 예를 들어 바닷물 속에 있던 단세포가 고급의 포유동물로까지 진화하는 과정과 해수와 비슷한 성분의 양수(羊水) 속의 난자(卵子)가 분열하여 사람으로 성장해가는 상태가 닮은 것도 그 탓이라고 한다.

알고 보면, 이것도 일종의 자기닮음도형의 발상이다. 실제이 생각을 바탕으로 널리 사물이 발생하는 과정에 관해서 가설을 세울 수 있다.

는 데는 한 개의 수가 있으면 된다는 뜻으로 직선은 1차원, 가로와 세로가 있는 평면 위에서 점의 위치를 나타내기 위해서는 두 개의 좌표가 필요하므로 평면은 2차원, 그리고 가로와 세로와 높이를 가지고 있는 입체 공간의 점을 나타내는 데는 3개의 좌표가 필요하기 때문에 이 공간을 3차원이라고 부르는 등 말이다.

이것들보다 더 차원이 큰 공간, 심지어 무한차원인 공간을 생각한다 할지라도, 그 안의 점의 좌표의 수가 곧 차원을 나타낸다는 것은 마찬가지이다.

그러나 프랙탈기하학에서는 1.3차원이니 3.2차원이니 하는 비정수의 차원이 있다. 앞에서 이야기한 코흐곡선의 차원은 1.26이었다.

이미 강조한 바도 있지만, 프랙탈 차원은 종전의 차원과 다르다기보다도, 그 의미를 확장시킨 것이다. 이 새로이 확장된 차원의 개념

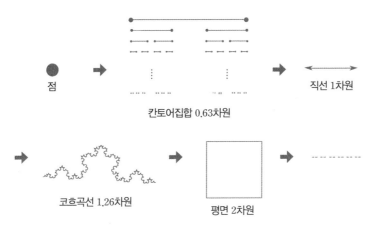

프랙탈 차원의 도형의 예

에 대해서 종전의 좁은 뜻의 차원을 '위상차원(位相次元)'이라고 한다. 일반적으로 같은 도형에 대해서는 위상적 차원보다도 프랙탈 차원의 값이 더 크다.

고대 그리스의 유클리드 이래 2천 년 이상이나 차원의 개념은 거의 그대로 변함이 없었다. 그러던 것이 19세기 말에 이르러 집합론의 창시자 칸토어(G. Cantor, 1845~1918)가 직선에 포함된 점과 평면 속의 점의 개수(농도)가 똑같다는 폭탄 선언을 하면서부터 차원의 개념에 대한 재검토가 절실해지기 시작하였다.

그렇다면 차원의 차이는 무엇을 의미하는 것일까? 그리고 또, 차원을 어떻게 정의하면 좋을까? … 하는 것들이 새삼 문제가 되었으며, 이러한 차원의 개념에 관한 연구가 진행되는 과정에서 '프랙탈 기하학'이라는 새로운 수학이 생기게 되었다. 그 결과, 도형의 면적, 체적 등의 성질뿐만 아니라 프랙탈 차원을 이용함으로써 복잡한 도형의 형태까지도 수학적으로 처리할 수 있게 되었다.

Q 정사각형 내부를 새까맣게 메워버리는 '페아노곡선'은 1차원 도형인가, 2차원 도형인가?

정사각형의 내부를 새까맣게 만들 만큼 복잡한 '페아노곡선'이라는 것이 있다. 이 도형은 1차원의 도형일까, 아니면 2차원의 도형일까?

앞에서 비례확대라는 입장에서 생각한 '차원'의 의미를 돌이켜보면, 1차원의 선분은 직선의 일부이고, 2차원의 도형은 평면의 일부, 그리고 3차원의 도형은 (입체)공간의 일부이다. 다시 묻지만, 그렇다면, 페아노곡선은 1차원일까? 2차원일까?

결론부터 말한다면, 페아노곡선은 1차원과 2차원 사이의 도형, 그러니까 '프랙탈 차원'의 도형인 것이다.

중고등학교에서 배운 곡선, 예를 들어 원호라든가 선분, 또는 일반적으로 2차곡선이나 3차곡선(또는 그 일부), 삼각함수, 로그함수, 지수함수, … 등의 그래프는 모두 한결같이 그 차원이 1이다. 즉, 이것들은 1차원의 도형이다. 그러나, 같은 곡선일지라도 리아스식 해안의 해안선과 같은 복잡한 도형의 차원은 1이 아니라 1과 2 사이의 분수값으로 나타내어진다. 페아노곡선도 그 차원은 2에 가까운 분수값이다. 이 수치는 페아노곡선이 면적에 가깝다는 것을 수량적으로 말해주고 있다.

	크기	n배로 비례확대하면
선분	길이	n배
평면도형	면적	n^2배
입체	체적	n^3배

수학과 차원
경험적 공간·물리적 공간·수학적 공간

　'차원'의 개념은 '공간'의 개념과 아주 밀접한 관계가 있다. 이렇게 말하기보다도, 3차원 공간, 4차원 공간 등의 표현이 말해주듯 차원을 공간의 속성(고유의 성질)이라고 하는 편이 차라리 옳을 것이다.

　그런데 이 공간도 알고 보면 우리가 경험적으로 느끼는 공간(지각공간(知覺空間)), 물리적 공간, 그리고 수학적 공간 등 여러 가지가 있다. 우리는 보통 이것들의 차이를 분명히 하지 않고 한 마디로 '공간'이라고 부르기 때문에 혼란을 빚는 경우가 많다. 하기야 대철학자 칸트(I. Kant, 1724~1804)조차도 이 세 공간을 혼동할 정도였으니까 우리가 혼란을 일으키는 것은 당연한 일인지도 모른다.

　그는《순수이성비판(純粹理性批判)》이라는 책 속에서,

　"기하학은 공간의 성질을 종합적(綜合的)이고 선천적(先天的, 아프리오리)으로 규정짓는 학문이다."

라는 난해하고도 유명한 말을 남기고 있는데, 이 말은 공간은 오직 하나(유클리드 공간)임을 전제로 삼고 있는 것만은 틀림없다. 그가 말하는 '선천적인 종합적 판단'이 과연 존재하는가에 대한 철학적 문

제는 접어둔다 해도 갖가지 공간, 예를 들어 '유클리드 공간'을 비롯
하여 '비유클리드 공간', '사영(射影) 공간', '위상(位相) 공간', '함수 공
간', '거리 공간', '힐베르트 공간', '바나흐 공간', … 등이 범람하는
21세기의 오늘날, 칸트의 이 견해를 곧이곧대로 믿는 사람은 없다.

그건 그렇고 우리는 흔히 물리적 공간과 일상적으로 경험하는 공
간을 혼동한다. 예를 들어, "4차원을 볼 수 있는가?"라는 문제와 "4차
원이 보이느냐?"라는 문제를 구별하지 못하고 있다. 그러나 전자의
경우는 물리적 공간이 4차원이라는 것을 전제로, 그 4차원을 우리의
시각으로 파악할 수 있는가라는 문제이고, 후자의 경우는 우리의 시
각 공간은 4차원이 될 수 있는가라는 문제인 것이다.

물리적 공간은 우리가 일상적으로 경험하는 공간과는 다르다. 우리가 시간을 수(실수)로 나타내고 있지만, 사실은 시간과 수는 전혀 별개의 것인 것처럼 말이다. 아인슈타인에 의해서 상대성 원리가 발견되기 이전의 물리적 공간은 3조의 실수(x, y, z)로 나타내어지는 유클리드 공간이었다. 그러나 이 공간은 우리가 경험하는 공간과는 거리가 멀다.

이 물리적 공간이 3차원에서 4차원으로 바뀌어질 때 어려운 문제가 따른다. 실제로 4차원 공간을 무대로 전개되는 상대성 이론은 엄청난 반응을 불러일으켰지만, 물리학자가 아니고서야 이 4차원 세계를 제대로 이해하는 사람을 드물다. 그 때문에 '4차원'이라든지, '4차원의 세계'라는 말만 들어도 어떤 신비감조차 느끼는 것이 보통이다.

그러나 3차원과 4차원 사이의 장벽 따위를 수학자는 거뜬히 뛰어넘는다. 수학자에게 있어서 4차원 공간이란 단지 4개의 실수의 조로 이루어진 집합에 지나지 않으며, 그보다 차원이 높은 공간을 얼마든지 생각해낼 수가 있다. 실제로 수학자가 생각하는 일반적인 공간, 즉 n차원 유클리드 공간이란 n개의 실수의 조$(x_1, x_2, \cdots, x_n)$로 된 집합에 지나지 않는다.

3
여러 가지 기하학

"어떤 수학자가 이렇게 실토했단다. 뫼비우스 띠는 면
이 하나밖에 없는데, 그것을 반으로 자른다면 두 개가
아니라 여전히 하나, 그것도 두 개의 면과 두 번 비튼
띠로 둔갑한다…클라인이라는 수학자가 생각했단다,
뫼비우스 띠는 참 멋있다…"

직선과 대원

두 점 사이의 최단거리

그림과 같이 강을 사이에 둔 A, B의 두 집이 있다. 이 두 집을 가장 짧은 거리로 잇는 다리를 놓으려고 하면, 어떤 위치에 설치하면 좋을까?

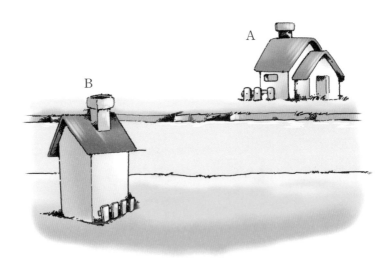

물론 여기서 말하는 다리란, 폭이 너무 넓지 않고, 강에 수직으로 걸리는 보통의 다리를 말한다.

이 다리의 위치는 다음과 같이 정하면 된다. 즉, A로부터 강기슭과 수직 방향으로 강폭의 길이만큼 간 지점을 A′이라고 하면, 이 A′과 B를 잇는 직선과 기슭과의 교점 C에서 다리를 세운다.

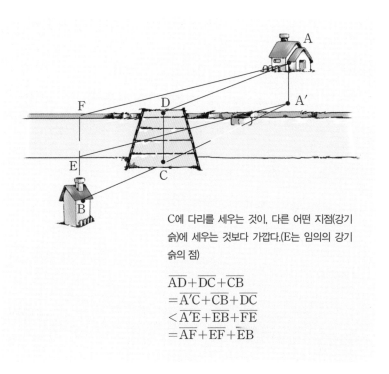

C에 다리를 세우는 것이, 다른 어떤 지점(강기슭)에 세우는 것보다 가깝다.(E는 임의의 강기슭의 점)

$$\overline{AD}+\overline{DC}+\overline{CB}$$
$$=\overline{A'C}+\overline{CB}+\overline{DC}$$
$$<\overline{A'E}+\overline{EB}+\overline{FE}$$
$$=\overline{AF}+\overline{EF}+\overline{EB}$$

위의 해답에서는 '직선은 두 점 사이의 가장 짧은 길이'라는 사실을 이용하고 있다. '삼각형의 한 변의 길이는 나머지 두 변의 길이의 합보다도 짧다!'를 △EBA′에서 생각해보라!

즉, 이 문제를 푸는 열쇠는,

어떤 두 점에 대해서도, 이 두 점을 지나는 직선을 그을 수 있으며, 이것(직선)이 두 점 사이의 최단거리가 된다.

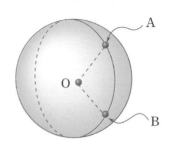

라는 직선의 성질이다.

이와 같이, '두 점 사이의 최단 거리가 되는 선'을 '직선'으로 정

한다면, 구면상에서도 직선을 생각할 수가 있다. 구면상의 두 점 A, B 사이의 최단거리를 나타내는 선은, 이 두 점을 지나는 '대원(大圓, 구의 중심을 지나는 평면과 구면이 만나서 생기는 원)' 위에 있다.

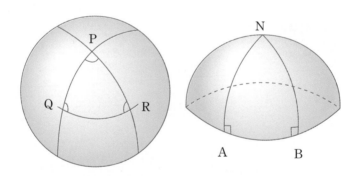

❶ 구면상의 기하학에서는 3각형, 여기 서는 △PQR의 안각의 합은 180도 보다 크다.

❷ 구면상의 기하학에서는 평행선이 없다. 즉, 어떤 두 '직선'(대원)도 반 드시 만난다.

두 점을 지나는 대원을 직선으로 간주하는 기하학을 '구면 기하 학'이라고 부르고 있다. 이 기하학은 평행선을 그을 수 없는 기하학이다.

　알기 쉽게 생각하기 위해서 아주 큼직한 사과를 책상 위에 올려 놓자. 사과를 지구로 생각하고, 그 표면에 두 점 A, B를 정하면 이 두 점 사이의 가장 가까운 거리는 어떻게 재야 할까? 그것은 어려운 일이 아니다. A, B의 자리에 각각 핀을 꽂고 그 사이를 팽팽하게 실로 잇는다. 이때의 실의 길이가 곧 A, B 사이의 최단거리인 것이다.

　A, B를 잇는 이 실이 나타내는 선은 A, B를 지나 사과를 이등분 했을 때 잘린 부분의 둘레 위에 있다. 이때, 잘린 부분은 사과의 중심을 지나는 원이 되고, 그 중심은 사과의 중심과 일치한다.

　사과를 구로 보았을 때, 이 절단 부분의 둘레가 곧 '대원'이 된다. 이 대원은 평면에서의 직선에 해당한다. 구의 중심을 지나는 평면으로 그 구를 자르면 절단 부분의 가장자리는 언제나 대원이 된다.

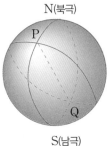

　지구에서는 북극과 남극을 지나는 대원을 자오선(子午線)이라고 부르고 있다. 그리고, 지구를 북반구와 남반구로 나누는 대원이 적도이며, 어느 자오선과도 직각으로 만나고 있다.

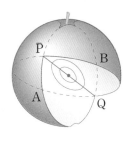

　사과의 표면상의 한 점 P의 중심에 대한 대칭점을 Q라고 할 때, 이 두 점 P, Q를 지나도록 과일칼로 사과의 4분의 1만큼을 잘라내면

절단 부분의 대원 PAQ와 PBQ는 점 P에서 직각으로 만난다.

지구상에서 서울(P)을 지나는 두 개의 대원을 생각하기 위해서는 먼저 서울을 지나는 자오선 PN을 긋고, 이것과 점 P에서 직각으로 만나는 대원을 그리면 된다. 이 대원은 P로부터 정확히 동쪽을 향하고 있다.

공자님이 어디론가 가시는 도중에 시장기가 들어, 제자 중유(仲由)를 시켜 밥을 얻어 오도록 하였다. 중유가 가까운 주막에 들렀더니 주인은 대뜸

"내가 쓰는 글자를 읽을 줄 알면 거저 식사를 제공하겠다."

라면서 '眞' 자를 가리켰다.

"음, 이것은 '참 진'자군요."

"아니 틀렸소."

빈손으로 쫓겨온 제자를 보고, 공자님이 동냥을 나갔다. 얼마후, 두 사제를 모시고 주인은 융숭한 식사대접을 하였다. 그 까닭을 몰라 궁금해한 중유는 스승에게 귓속말로 가만히 물었다.

"스승님, 어떻게 대답하셨기에 합격했습니까?"

공자가 나직한 소리로 이렇게 속삭였다.

"'진'이 아니라 '직팔(直八)'이라고 읽어주었단다."

"왜요?"

"지금은 '진(眞)'이 통하는 세상이 아니다. 그런데도 '진(眞)'을 외쳐대는 사람은 사이비가 아닌가? 주인의 뜻은 그런 거란다."

"……?"

이 일화가 빗대주는 바와 같이, '직선'이란 항상 똑바로 곧은 선이라고만 생각하는 사람은 구면처럼 평평하지 않은 면 위에서는 그런 선을 생각할 수 없으므로 '유클리드 기하학'이라는 옛 꿈에서 헤어나지 못하고 있는 것이다. 이 낙원의 꿈이 깨어진 '영웅'이 할거하는 새로운 기하학의 세계(난세시대(?))에서는 '직선'을 '두 점 사이의 가장 가까운 거리'라는 한 가지 특징만으로 다루어야 한다. 이제부터 이야기하는 비유클리드 기하학의 이야기를 이해하려면, 우선 이 점부터 명심해야 한다.

비유클리드 기하학의 세계
측지선의 이야기

그러니까 지구는 둥글다

평면상에서는 두 점 사이의 최단거리는 직선이다. 그러나 구면상에서는 두 점 사이의 최단거리는 '대원(大圓)'이다. 대원이란, 구면상의 두 점과 구의 중심을 지나는 평면이 구면을 둘로 갈라놓았을 때 생기는 곡선을 말함은 이미 앞에서 이야기한 바와 같다.

두 개의 대원은 항상 두 점에서 만난다. 예를 들면, 지구상의 두 개의 자오선은 언제나 북극과 남극에서 만난다.

구면상에서는 세 개의 대원의 부분들이 만나서 삼각형, 즉, '구면삼각형(球面三角形)'을 만든다. 예를 들면, 적도의 1/4과 두 자오선의 북반부는 삼각형을 이룬다. 이 구면삼각형에서는 내각의 합은 $90° \times 3 = 270°$이다.

그렇다면 지구의 표면이 구면이라는 것을 어떻게 알게 되었을까? 그리스의 천문학자들은 그리스 땅에서 바라본 북극성이 이집트에서 본 것보다 높은 위치에 있다는 것에 착안하여 이 사실을 확인하였다고 한다. 또, 항해를 통해서도 지구가 둥글다는 것을 발견할 수 있다.

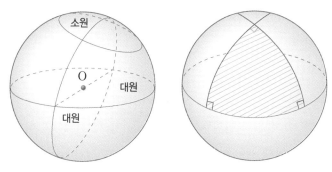

이 구면 삼각형의 안각의 합은 270도이다.

실제로, 근대의 활발한 대양 항해는 지구의 표면에는 경계가 없는데도 그 면적이 한정되어 있음을 알려주었다. 이 사실은 지구가 평면이 아니라는 것을 입증한 것이 된다. 평면에 한계가 없다면 그 넓이는 무한대가 되어버리기 때문이다.

지구표면이 구면이라는 것을 밝히는 더 과학적인 방법은 구면기하학(球面幾何學)을 이용하는 일이다.

우리가 보통 크다고 생각하는 삼각형, 예를 들어 한 변의 길이가 10m, 이니 100m, 1000m나 되는 삼각형을 지구의 표면에 그려보아도, 공책에 그린 삼각형과 다른 점을 발견할 수가 없다. 이 삼각형의 내각의 합이 실제로는 180°보다 클지 모르지만, 그것과 180°의 차는 아무리 재어보아도 확인할 수 없을 만큼 작을 것이다. 그러나 계속 더 큰 삼각형을 생각하면 마침내는 구면이 구부러지는 정도(곡률)가 차츰 뚜렷해지고, 따라서 삼각형의 안각의 합이 180°보다 크다는 것이 나타나기 시작한다.

근래에 이르러, 측량기술이나 지도의 작성법이 정밀해진 결과, 지구가 구면이라는 것이 증명되었고, 실제로 지구의 반경도 구할 수 있게 되었다.

곡면상의 두 점 A, B를 지나는 최단거리는, 곡면과 항상 수직한 위치를 유지하면서 달리는 오토바이 바퀴의 자국의 선으로 나타낼 수 있다. 이 선을 곡면의 '측지선(測地線)'이라고 부른다. 이 측지선을 곡면상의 '직선'으로 간주하여 삼각형을 만들었을 때, 지금까지의 보통의 삼각형, 즉 유클리드 공간상의 삼각형과 어떤 차이가 있는지 알아보자.

구면상에 삼각형을 만든다.

예를 들어, 지구가 완전한 구면이라고 생각하여 서울, 멜버른, 샌프란시스코를 잇는 큰 삼각형을 머릿속에 그려본다. 이 삼각형의 각 변은 구면상에서의 측지선이기 때문에, 여기서는 각의 개념을 확장해야 한다. 예를 들어, 이 삼각형의 각 C는 점 C를 지나서 구면과 접하는 평면상에서 '곡선 CA에 접하는 직선과 곡선 CB에 접하는 직선이 이루는 각'으로 정한다.

이와 같이 생각하면, 구면상에서는 삼각형 ABC의 내각의 합은 180°보다 커진다.

구면상의 직선, 예를 들어 그림에서의 점 A, C를 잇는 측지선은, 사실은 A, C 두 점을 지나는 대원의 호가 되어 있다. 이 사실 때문에, 구면상에서의 직선은 대원, 그리고 선분은 대원상의 호를 가리키는 것이 된다.

그렇다면 구면상에서도 평행선이라는 것이 존재할까? '평행'이라는 것을, 두 직선 l, m이 어디에서도 만나지 않는 것으로 한다면(그림 ❶), 구면상에서의 임의의 두 대원은 항상 두 점에서 만나기 때문에, 구면상에는 평행선은 하나도 없는 것이 된다(그림 ❷).

이와는 반대로, 로바체프스키나 보여이가 생각한 마이너스의 곡률을 가진 곡면의 기하학에서는 하나의 직선에 대해서 그 바깥에 있는 한 점을 지나는 평행선을 무수히 많이 그을 수 있다(그림 ❸).

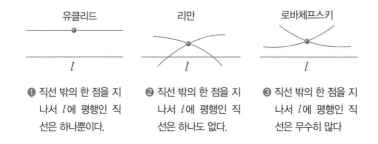

유클리드	리만	로바체프스키
l	l	l
❶ 직선 밖의 한 점을 지나서 l에 평행인 직선은 하나뿐이다.	❷ 직선 밖의 한 점을 지나서 l에 평행인 직선은 하나도 없다.	❸ 직선 밖의 한 점을 지나서 l에 평행인 직선은 무수히 많다

직선이 원호로 된 공간

다음과 같은 세계를 생각해보자. 이 세계는 반지름이 1인 원판으로 되어 있다. 이 '1'이 1km를 나타낸 것이든, 1만km, 아니 1억 광

년을 나타낸 것이든 독자 여러분의 상상에 맡기기로 한다. 다만, 이 원판의 세계에서는 중심에서부터 출발하여 가장자리, 즉 원주를 향해 갈수록 모든 것이 자꾸자꾸 작아진다. 그 비율은 신장이 m인 사람이

$$(1-x^2)m$$

(단, x는 중심으로부터 멀어진 거리, m은 신장)

만큼 작아진 것으로 한다. 따라서 중심으로부터 멀어져서 가장자리에 접근할수록 그 사람의 키는 0에 한없이 가까워진다.

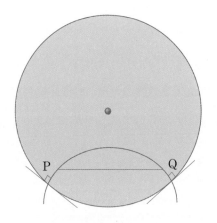

P, Q 사이의 최단거리는 선분 PQ? 원호 PQ?

그러나 이것은 밖에서 보면 그렇다는 것이지, 이 세계에 사는 사람들은 이 사실을 전혀 알아차리지 못한다. 왜냐하면 걸음을 옮김에 따라서 모든 것이 한결같이 줄어들고, 따라서 그 사람들의 길이를 재는 자도 같은 비율로 줄어들기 때문이다. 또, 같은 속도로 걷고 있

다 해도 걸음폭이 자꾸자꾸 좁아지기 때문에 그 사람은 영원히 경계에 이르지 못한다.

이제 이 원판 세계에서 한 점 P로부터 다른 한 점 Q로 가는 지름 길을 생각해보자. 그럼 P와 Q 사이를 곧게 그은 선분 PQ라고 생각된다. 하지만 원판 세계에서는 두 점, P, Q 사이의 가장 짧은 거리는 이 두 점을 지나고 원주와 수직으로 만나는 원호 PQ이다. 사실 앞서 말한 선분이니 원호니 하는 말도 밖에서 들여다 본 입장이며, 이 세계 속에게는 오히려 선분 PQ가 휘어져 있다.

예를 들어, 이 세계에 사는 사람이 일정한 걸음걸이로 선분 PQ를 7걸음 만에 걸었다고 하자. 그런데 중심에 가까울수록 걸음걸이는 그만큼 커지기 때문에, 원호 PQ를 걸을 때는 가령 5걸음 정도밖에 걸리지 않는다. 즉 이 원판 세계 속에서 보면 '직선'은, 밖에서 보았을 때의 원호인 셈이다.

거듭 말하지만, 이들 직선은 밖에서 볼 때 길이가 유한이지만, 이 세계 안에서 볼 때에는 무한대의 길이를 가지고 있다. 따라서 이 직선 위를 아무리 걸어도 영원히 가장자리(원주)에 도달하지 못한다. 즉, 직선은 양쪽 방향으로 한없이 뻗어 있다.

지금, 직선 l 위에 있지 않는 한 점 P가 있다고 하자. 이 점 P를 지나고 직선 l과 만나지 않는 직선 — l과 평행인 직선 — 은 무수히 많다. 그 이유는 다음과 같다.

아래의 그림에서 원호 APS와 BPR은 밖에서 볼 때 l과 원주 위에서 만나고 있다. 하지만 이 원판 세계에서는 중심에서 원주로 갈수록 무한히 작아질 뿐, 원주에 도달하지는 못하므로 실제로는 원주의 점 A, B는 존재하지 않는다. 따라서 이 원판 세계에서는 원호 APS와 BPR이 l과 만나지 않는 직선이므로, 점 P를 지나고 l에 평행인 직선이다.

따라서, 이 세계에서는 직선 l 밖에 있는 한 점 P를 지나서 l에 평행인 직선은 무수히 존재한다.

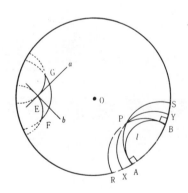

우리가 학교에서 배운 유클리드 기하학에서는

직선 l 밖에 있는 한 점 P를 지나서 l에 평행인 직선은 꼭 한 개만이 존재한다. (제5공리(=평행선의 공리))

로 되어 있고, 실제로 이것이 일상화된 상식이기도 한데, 이것과는 너무도 딴판인 주장이다.

이번에는, 이 세계에서 '삼각형'이 어떤 성질을 지니고 있는지 알아보자. 앞 그림에서 삼각형 EGF는 세 개의 원호로 이루어져 있다. 또, 각 E는 점 E에서 원호 EG, EF에 각각 접선 a, b를 그었을 때, 이 두 접선이 이루는 각을 말한다.

이와 같이, '삼각형'과 '각'을 정의하면, 앞의 그림에서 알 수 있듯이 다음과 같이 나타낼 수 있다.

$$\angle E + \angle F + \angle G < 180°$$

즉, 이 세계에서는

삼각형의 내각의 합은 180°보다 작다.

라는 정리가 성립한다. 그런데 사실은 이 정리는 앞에서 설명한 '평행선이 무수히 많다'는 기본 성질과 밀접한 관계가 있다.

또 이 기묘한 원판 세계의 기하학도, '평행선 공리'와 관련이 있는 정리를 제외하고는, 유클리드 기하학의 모든 정리가 어김없이 그대로 성립하는 논리정연한 체계를 지니고 있다. 그러고 보니, 사실은 우리가 살고 있는 세계가 유클리드 기하학이 아닌, 이 이상한 기하학의 세계가 아닌가 하는 생각에 사로잡히는 사람도 나올 만하다.

비(非)유클리드 기하학

지금까지 이야기한 이상한 세계의 기하학은 단순한 상상이 아니다. 19세기 전반에 '비(非)유클리드 기하학', '가상(假想)기하학', '절대기하학' 등의 이름으로 이 이상한(?) 기하학을 깊이 연구한 세 사람의 수학자가 있었다. 독일 사람인 가우스, 러시아 사람 로바체프스키, 그리고 헝가리 사람인 보여이가 바로 그들이다.

거의 같은 시기에 이들 세 사람은 세 척의 배를 타고 짙은 안개에 싸인 미지의 세계에 접근해갔다. 그러고는, "이것은 신기루가 아닌가?" 하고 저마다 자신의 눈을 의심했지만, 그것은 현실이었다. 전에도 이 낯선 세계에 접근한 사람들이 있었지만, 모두가 신기루인 줄 알고 그냥 지나쳐버리고 말았는데, 이제 보니 이것이 환상이 아님을 확인한 것이다.

그러나 수학의 황제라는 영광을 누리고 있었던 가우스는, 이 미지세계의 탐험 결과가 자신에게 미치게 될지도 모를 불리한 영향에 겁을 먹어 자신이 본 것을 세상에 알리지 않았다.

그래서 보여이와 로바체프스키 두 사람이 신세계의 최초 발견자가 되었다. 혁명가적인 기질을 타고난 젊은 보여이는 이 미지의 나라에 대담하게 발을 디뎠을 뿐만 아니라 힘이 다하도록 그 연구에 몸을 바쳤다. 로바체프스키는 자신이 발견한 세계의 위대한 미래를 굳게 믿고 마지막까지 이 땅을 가꾸었다.

이보다 조금 뒤에, 앞에서 이야기한 바와 같이 가우스의 제자 리만은 대학교수 취직 시험장에서 공간에는 여러 가지 종류가 있을 수 있다는 논문을 발표하여 스승 가우스를 놀라게 하였다. 한마디로 말해,

공간은 '휘어지는 정도(곡률(曲率))'에 따라 여러 가지 종류로 구분되는데, 그중에 가장 간단한 것은 어디서나 그 정도(곡률)가 일정한 공간이라는 것이었다.

리만 | 곡률의 정도에 따라 여러 종류의 공간이 나올 수 있음을 주장했다.

이 입장에서 보면, 전혀 휘어지지 않은 공간, 그러니까 곡률이 0인 공간이 유클리드 공간, 안쪽으로 휘어지는 공간, 즉 곡률이 마이너스이고 일정한 공간이 로바체프스키 공간이다. 앞의 '원판의 세계'는 사실은 이 로바체프스키 공간의 한 모델이다. 마지막으로 남은 공간은 밖으로 휘어지는 공간 즉, 곡률이 플러스이고 일정한 공간이 되는데, 리만이 택한 것은 이 공간의 기하학이었다.

유클리드 평면의 모델은 모든 부분이 평평한 수평면이라는 것쯤은 모르는 사람이 없다. 로바체프스키의 비유클리드 평면은 말안장처럼 생긴, 어디서나 동일한 비율로 안으로 굽어진 곡면이다. 이러한 곡면상에서는 평행선이 무수히 많으며, 따라서 삼각형의 내각의 합은 180°보다 작다. 그러나 실제로는 이러한 모델을 완전히 만들 수가 없다. 한편, 구면상에서는 어느 점에서도 곡률은 플러스이고 일정하다. 여기서는, 삼각형의 내각의 합은 180°보다 크고, 따라서 평행선은 하나도 존재하지 않는다. 그러니까 구면은 리만이 생각한 비유클리드 평면의 좋은 모델이 되어준다.

그러면, 비유클리드 기하학을 적용할 수 있는 그러한 공간(물리공

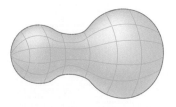

호리병 모양의 곡면, 굽어진 부분
의 곡률은 마이너스이고 나머지는
플러스, 그리고 그 경계에 곡률이 0
인 부분이 있다.

이 '위구'(僞球)상의 일부에서는 삼각형
의 안각의 합은 180°보다 작다. 이와 같
은 곡면은 완전한 비유클리드 곡면은 아
니다.

간)은 존재하는 것일까? 가우스는 우리가 몸담고 있는 자연계가 과
연 유클리드 기하학의 세계인지 비유클리드 기하학의 세계인지를
실제로 확인하기 위해서, 독일의 호엔하겐, 브로켄, 그리고 인젤베르
크의 세 산꼭대기를 잇는 삼각형의 안각의 크기를 재는 대규모 측량
을 하였으나, 결과는 실패로 돌아갔다. 그 사실 여부를 조사하기에는
이 '삼각형'이 너무 작았기 때문이다.

천문학자들은 최근 우주의 모든 부분이 성운(星雲)으로 균등하게
채워져 있다는 사실을 밝혀냈다. 그 수는 몇백 만에 이르지만, 그중
의 몇 개인가는 성운단(星雲團)이라고 불리는 하나의 집단을 이루고
있다. 최신 장비에 의해서 관측된 우주공간 내의 모든 성운과 성운
단은, '성운우주(星雲宇宙)'라는 복잡한 구조를 지닌 대집단을 이루고
있다는 것이 알려지게 되었다.

이 성운우주라는 거대한 척도를 가지고 보았을 때, 우주공간은 비
유클리드적이라는 것이 명백해졌으며, 게다가 그 곡률이 일정하다

는 사실까지 이제 밝혀졌다. 다음에 남는 문제는 이 일정한 곡률의 값이 무엇인가라는 것이다. 이것이 마이너스값이면 로바체프스키의 기하학이 개가를 올릴 것이며, 플러스이면 리만의 기하학이 승리하게 되는 셈이다.

앞으로 관측 기계와 관측 방법이 더욱 개량되면 '성운우주'의 한계도 깨어질 것은 틀림이 없다. 이 새 우주공간에서 펼쳐질 새 기하학은 어떤 형태의 것이어야 할까? 물론 우리가 지금의 자연공간 속에서 계속해서 삶을 이어가는 한, 유클리드 기하학이 계속 제구실을 할 것은 어김없는 일이지만.

위상공간의 기하학
사상이란 대응관계

사상(寫像)

‘위상공간’의 세계로 들어가기 위해서는 먼저 ‘사상’이라는 통행증을 손에 넣을 필요가 있다. 현대 수학의 바탕을 이루는 개념은 많지만, 그중에서도 ‘함수’ 또는 ‘사상’이라는 개념은 아주 중요하다. 이 개념을 쓰면 여러 가지의 대상을 분류하거나 서로 대응시키기에 아주 편리하기 때문이다. 특히 위상공간의 성질을 살피는 데에는 이 개념은 필수적인 무기가 된다.

이렇게 말하면, 사상은 뭔가 까다로운 내용인 양 싶지만 알고 보면 우리가 일상적으로 늘 사용하고 있는 생각을 정리한 개념에 지나지 않는다.

한마디로 말해서 ‘사상’이란 일종의 대응관계이다. 어떤 두 가지 대상이 있을 때, 이것들을 비교하려 드는 것은 누구나 지니고 있는 당연한 심정이다. 누가 더 키가 클까? 더 예쁠까? 더 머리가 좋을까? 또는, 어느 나라가 더 인구가 많을까? 더 강할까? 더 부유할까? … 등 말이다.

사상의 첫 시작은, 이러한 직관적인 비교에 있다. 물론 직관적인 비교의 단계로부터 사상까지 옮겨가기 위해서는 몇 가지 단계를 거쳐야 하지만, 여기서는 그러한 역사적인 발자취는 접어두고 곧바로 이 개념이 무엇인가를 알아보기로 한다.

지금 미혼인 남성의 집합과 여성의 집합이 있다고 하자. 남성이 모두 각각 꽃 한 다발씩을 어떤 한 사람의 여성에게 바치는 것으로 하면, 꽃다발을 주고받는 관계는 하나의 사상(또는 함수)을 정하는 셈이 된다.

이 경우처럼 두 집합 A, B가 있고 A의 원소가 모두 빠짐없이 꼭 한 번씩 B의 원소와 대응할 때(B의 원소 쪽은 모두가 대응하든 일부가 대응하든, 또는 한 번이든 여러 번이든 상관하지 않는다.) 이 대응관계를

'A에서 B로의 사상(또는 함수)'

이라고 한다.

꽤 까다로운 표현이 되고 말았지만, 정의라는 게 본래 그런 것이니 양해해주기 바란다. 그러면, 다시 청춘 남녀 사이에 꽃다발을 주고받는 장면으로 되돌아가보자.

남성팀의 모든 구성원이 꽃다발 하나를 각각의 여성에게 선사하는 관계인 '사상' 중에는 다음 세 가지 경우가 있다.

첫째, 여성팀의 모든 구성원이 꽃다발을 받는 경우.(이때, 양손에 꽃을 받는 여성이 생길 수도 있다.)

둘째, 한 번 꽃을 받은 여성은 두 번 다시 받지 않는 경우.(이때, 입에 손수건을 문 채 멋쩍게 서 있는 여성도 있을 수 있다.)

셋째, 여성팀의 모든 구성원이 꽃 한 다발씩을 안게 되는 아주 보

기 좋은 경우.

첫째 경우를 '전사(全射) 사상', 둘째 경우를 '단사(單射) 사상', 그리고 셋째 경우를 '전단사(全單射) 사상'이라고 부른다.

A에서 B로의 사상에서, A의 원소 a가 B의 원소 b에 대응하고 있으면, 이 b를 A의 원소 a의 '상(像)'이라 하고, 또 역으로 B의 원소 b에 대응하는 A의 원소 a를, 이 사상에 의한 b의 '역상'이라고 한다. 위의 보기에서 이야기하면 남성 a에게서 꽃다발을 받는 여성 b는 (이 사상에 의한) 남성 a의 상이고 역으로 남성 a는 여성 b의 역상이다.

역상(逆像)이라는 낱말을 써서 단사인 사상의 정의를 다음과 같이 고쳐 말할 수 있다.

> 단사라는 것은 각 상(像)에 대해서 그 역상이
> 꼭 한 개 정해지는 사상이다.

전단사라는 것은 '전사이자 단사'인 사상이라는 뜻이다. 따라서 집합 A에서 집합 B로의 전단사가 있을 때, B의 각 원소에 대해서 그 역상을 대응시킴으로써, B에서 A로의 전단사를 만들 수 있다. 이 사상을 처음 사상의 '역사상(逆寫像)'이라고 한다. '역사상'을 '역상'과 혼동하지 않기를 바란다. 그러니까 전단사는 다음과 같이 정의할 수 있다.

> 전단사(사상)란, 역사상을 갖는 사상이다.

전단사는, 다음 보기에서 생각하면, 남성 한 사람이 여성 한 사람에게 꽃다발 하나를 안겨줄 때, 여성은 빠짐없이 꽃다발 하나씩을 갖게

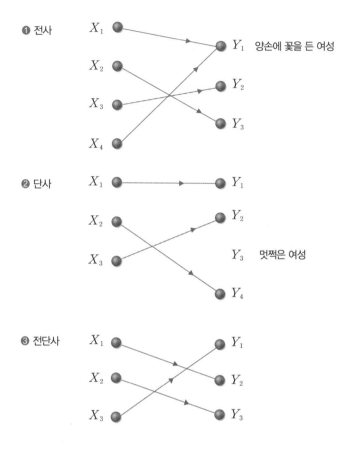

❶ 전사 X_1 X_2 X_3 X_4 Y_1 양손에 꽃을 든 여성 Y_2 Y_3

❷ 단사 X_1 Y_1 X_2 Y_2 X_3 Y_3 멋쩍은 여성 Y_4

❸ 전단사 X_1 X_2 X_3 Y_1 Y_2 Y_3

되는 관계였다. 따라서 남녀의 수가 같으면, 전단사가 성립할 수 있다. 유한집합에서는, 남녀의 수가 다르면 이러한 원만한 관계는 결코 이루어지지 않는다. 그러나 무한집합에서는 사정이 크게 달라진다.

가령, 다음 그림과 같이 하면, 자연수의 집합에서 짝수의 집합이나 정수의 집합으로의 전단사를 만들 수 있다. 또, 짝수와 홀수 사이에

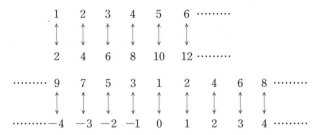

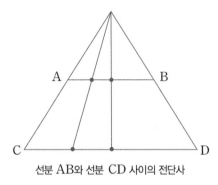

선분 AB와 선분 CD 사이의 전단사

도 전단사가 존재한다. 그런가 하면 임의의 두 선분 사이에도 전단사가 성립한다.

두 개의 집합 사이에 전단사 사상이 있다는 것은 이 두 집합의 원소의 개수가 같다는 것을 뜻한다. 무한집합인 경우에 개수라는 말을 쓰는 것은 어색하지만(실제로는 '농도(濃度)'라는 표현을 쓴다), 그대로 사용하기로 한다면, 길이가 짧거나 길거나 어떤 선분도 똑같은 '개수'의 점들로 꽉 채워져 있다.

근방(近傍)과 연속사상

도형의 어떤 점에 대해서 그 이웃들을 정하는 것을 수학적인 표현

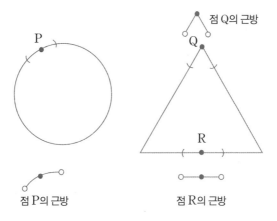

점 Q의 근방

점 P의 근방

점 R의 근방

을 쓰면 그 점의 '근방(近傍)'을 정한다고 한다. 다음 도형의 각 점의 근방은 원호이거나, 꺾은선, 또는 선분으로 되어 있으나 어쨌든 그 양 끝은 근방 속에 들어가지 않는다. 이 뜻으로 근방을 열린 근방, 즉, '개근방(開近傍)'이라고 한다.

일반적으로, 도형의 어떤 점에 대해서 취할 수 있는 개근방은 한 개, 두 개가 아니라 무한히 많다. 어떤 점의 근방 전체를 그 집합의 '근방족(近傍族)'이라고 부른다. 위 그림에서 점 P를 포함한 양 끝이 없는 원호(P의 근방)는 무수히 많고, 마찬가지로 점 Q나 점 R을 포함하는 양 끝이 없는 꺾은선(∧꼴), 그리고 양 끝이 없는 선분도 무수

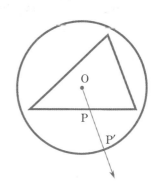

히 많다.

삼각형도, 원(=원둘레)도 점의 집합으로 보면, 삼각형으로부터 원으로 가는 (집합 사이의) 사상을 생각할 수 있다. 앞의 그림과 같이 원과 삼각형 두 도형을 놓고, 삼각형 내부의 임의의 한 점으로부터 반직선을 그으면, 이 선은 각각 삼각형과 원 위의 한 점을 지난다. 이 반직선을 어느 방향으로든 한 바퀴 돌리면 삼각형 위의 모든 점과 원 위의 모든 점이 꼭 한 번씩 대응한다는 것을 알 수 있다.

따라서 반직선에 의해서 삼각형의 점과 원 위의 점을 대응시키는 이 사상은 전단사이다. 즉, 삼각형 위의 모든 점이 원 위의 점과 꼭 한 번 대응하고, 또 반직선을 역방향으로 따라가면 원 위의 모든 점이 삼각형 위의 점과 꼭 한 번씩만 대응하고 있기 때문이다.

또, 그림에서 알 수 있는 바와 같이, 이 사상에 의해서 삼각형 위의 임의의 점 P를 원 위의 점 P′로 옮길 때, 새로 옮긴 점 P′의 주위에 근방족(이웃들의 집합)이 생긴다. 그중의 임의의 한 근방을 생각하면 역으로 그것에 대응하는 P의 근방도 반드시 있다.

이처럼 임의의 점 P를 점 P′로 옮길 때, P의 근방의 점도 고스란히 P′의 근방의 점으로 옮기게 하는 사상을 '연속사상(連續寫像)'이라고 한다. 《신밧드의 모험》에 나오는 램프의 요정이 주인의 요청대로 궁전과 주변의 민가까지도 그대로 다른 곳으로 단숨에 옮겨버리고 만다는 아라비안나이트의 이야기를 연상하면 이 연속사상의 의미를 이해하는 데 도움이 될 것이다.

동상(同相)

앞에서는 삼각형에서 원으로의 전단사를 생각했으나, 이번에는 그 역사상에 대해서 살펴보자. 그런데 집합 A에서 B로의 전단사가 있으면, 항상 B에서 A로의 역사상이 있다는 것은 이미 알고 있다. 역사상도 물론 전단사이다.

삼각형과 원 사이의 전단사를 여기에서도 쓰기로 한다면, 그 역사상을 원 위의 임의의 점 P′를 삼각형 위의 원래의 자리로

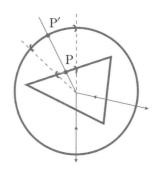

삼각형과 원 사이에는 '전단사이고 쌍연속'인 사상이 있으므로 이 두 도형은 동상이다.

되돌려 보내는 작용을 뜻한다. 이 경우에도 점 P′가 되돌아간 원래 자리 P의 임의의 근방에 P′의 근방이 옮겨지고 있다.

즉, 앞에서는 삼각형에서 원으로의 전단사가 연속이었는데, 그 역사상도 연속이 되어 있는 것이다. 어떤 연속사상의 역사상 역시 연속일 때, 이 사상을 '쌍연속(雙連續)사상'(바로 가든 거꾸로 가든 둘 다 연속인 사상)이라고 한다.

두 도형 사이에 '전단사이고 쌍연속'인 사상이 있을 때, 즉 두 집합의 원소의 개수가 같고, 어느 쪽에서 출발하건 연속인 사상이 있을 때 두 도형을 서로 '동상(同相)' 또는 '위상동형'이라고 한다. 그리고 이 사상을 '동상사상(同相寫像)'이라고 한다. 따라서 비단 삼각형뿐만 아니라 사각형, 오각형, 육각형, 칠각형, … 그 밖의 온갖 다각형, 그리고 타원, 호리병꼴의 도형 등은 모두 원과 동상이 된다.

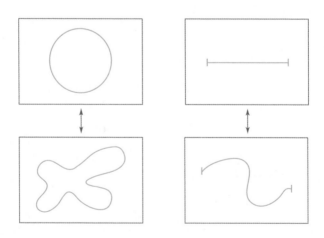

서로 동상('고무막' 위에서 서로 변형이 가능한)인 도형

이것은 도형을 보는 관점이 지금까지와는 크게 달라졌음을 의미한다.

즉, '끝점이 없고 겹치는 일도 없는, 한 개의 선으로 된 도형'(단일 폐곡선)은 모두 원으로 간주하는 것이다. 아주 고성능의 고무막 위에서 원을 변형시키면 방금 말한 도형들을 만들 수 있기 때문에, 이런 뜻으로 이들 동상 도형은 서로 같은 도형이다. 요컨대, 동상인 도형이란, (특수한) 고무막 위에서 서로 변형이 가능한 도형이란 뜻이다.

따라서 동상이 아닌 도형은 이 특수한 고무막 위에서도 변형이 불가능한 것들이 된다. 예를 들어, 끝이 없는 도형인 보통의 원과 두 끝점이 있는 선분은 고무막 위에서도 같아질 수 없다. 즉, 한쪽을 변형시켜서 다른 한쪽을 만들 수 없다.

실제로 이 두 도형 사이에 동상사상, 즉 '전단사이고 쌍연속'인 사

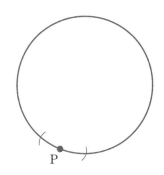

원과 선분 사이에는 동상사상
(즉, 전단사이고 쌍연속인 사상)이 존재하지 않는다.

상이 존재하는가를 따져보면 다음과 같다. 원의 모든 점에서는 근방의 모양이 같지만, 선분의 경우에는 두 끝점과 다른 점들의 근방의 모습이 결정적으로 다르다. 즉, 양 끝점을 제외한 각 점의 개근방은 그 점을 내부에 포함하는 끝이 없는 선분이지만, 끝점에서는 어떤 선분을 취해도 이 끝점을 내부에 포함시킬 수 없다. 따라서 이 두 점

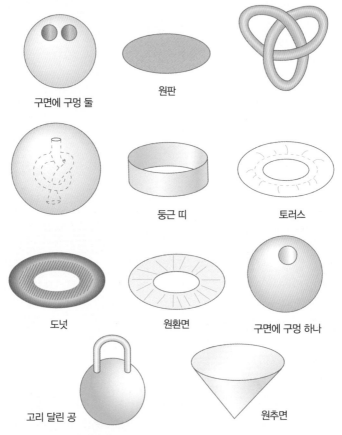

구면에 구멍 둘

원판

둥근 띠

토러스

도넛

원환면

구면에 구멍 하나

고리 달린 공

원추면

위상 수학에서 다루어지는 여러 가지 공간
위상 수학에서는 위와 같은 형태의 여러 가지 공간의 동상관계를 따진다.

의 개근방은 한쪽이 닫혀 있고 다른 한쪽이 열린 꼴이 된다.

요컨대, 선분에서 원으로의 전단사는 없으며, 이것은 선분의 끝점에 대응하는 원 위의 점을 생각할 수 없기 때문이다. 이를테면 일렬로 집이 늘어선 어떤 마을의 집들을 좌우 이웃의 순서를 바꾸지 않고 원형의 꼴로 재배치하면서, 한쪽에 이웃이 없던 끝집에 갑자기 이웃이 생겨난 꼴이다. 이것은 동상에서는 근방은 그대로 보존되어야 한다는 근방의 보존성에 어긋나게 된다. 따라서 선분과 원은 동상이 될 수 없다.

거리란 무엇인가?

지금까지 살펴본 바와 같이 도형의 성질을 생각하는 것이 '토폴로지(topology)'라는 기하학이다. 우리말로는 '위상 기하학(位相幾何學)'이라고 부른다.

이미 짐작이 가듯 여기서 다루는 것은, 유클리드 기하학에서와 같은 도형의 크기라든지, 길이, 형태, 양(量)과 관계가 있는 성질은 아니다. 이 새로운 기하학의 주제는 도형을 이루고 있는 선이나 면이 이어진 상태, 더 구체적으로는 선이나 면을 이루고 있는 낱낱의 점이 도형 전체 속에서 어떤 위치에 있는가를 연구하는 것이다.

도형을 하나의 도시에 비유한다면 점은 낱낱의 건물이 되는 셈이

'토폴로지 행성'의 우주인들의 개성은 점의 연결 상태!

다. 이러한 건물(＝점)이 대로변에 있는지, 삼거리 또는 사거리나 오거리의 모퉁이에 있는지, 골목 끝에 있는지 등을 자세히 조사함으로써 이 도시의 구조를 파악하려면, 그 도시를 건물의 집합으로 간주하는 것이 편리하다.

이와 같은 입장에서, 도형을 미소한 부분으로 이루어진 집합이라고 생각하여 다루는 것이 위상 기하학이다. 도형을 구성하는 최소 단위인 각 점의 이어진 상태를 알아보기 위해서는 그 점을 포함하는 미소한 각 부분의 상태를 조사하면 되기 때문이다. 이 뜻으로 토폴로지라는 새 기하학은 '근방'(＝이웃)의 성질을 규명하는 수학이라 할 수 있다.

여기서 원이나 삼각형의 각 점의 근방을 생각했을 때, 그 점을 내부에 포함하는 개선분(양끝을 제외한 선분)을 그 점의 근방으로 정했던 것을 다시 머리에 떠올려주기 바란다. 즉, 한 점으로부터 어떤 거리 이내에 있는 점 전체를 그 점의 근방으로 삼았던 것 말이다.

실제로, '거리'나 '근방'이 있으면, '점점 가까워진다'라든지 '자꾸자꾸 멀어진다'는 상태를 쉽게 생각할 수 있고, 또 나타낼 수 있다. 그만큼 '거리'를 가지고 있는 공간은 편리하다.

그런데 앞에서의 '거리'는 우리가 일상적으로 느끼고 쓰는 원근의 개념을 그냥 그대로 사용한 것이다. 그러나 이러한 일상적인 거리의 개념을 아무렇게나 적용하면, 도형의 성질을 수학적으로 따질 때 너무 한정되어 있어서 오히려 지장을 가져올 수 있다.

여기서, '거리'를 수학의 도구로 삼아도 지장이 없도록 이 개념을 폭넓게 일반화시켜 다듬어놓을 필요가 있다. 그러자면 물론 일상적인 거리의 개념을 바탕으로 해야 한다.

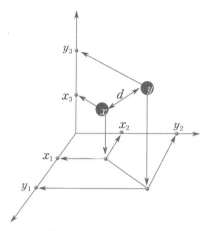

각 좌표 성분으로 분해!

먼저, 우리가 잘 알고 있는 유클리드 공간을 무대로 하여 생각해
보자.

두 점 x, y 사이의 거리를

$$d(x, y)$$

('d'는 distance(거리)의 첫 글자)

와 같이 나타내면, 2차원 공간에서는

$$d(x, y) = \sqrt{(x_1 - y_1)^2 + (x_2 - y_2)^2}$$

(x_1, x_2는 점 x의 좌표, y_1, y_2는 점 y의 좌표)

3차원 공간에서는

$$d(x, y) = \sqrt{(x_1 - y_1)^2 + (x_2 - y_2)^2 + (x_3 - y_3)^2}$$

(x_1, x_2, x_3는 점 x의 좌표, y_1, y_2, y_3는 점 y의 좌표)

이므로, 일반적으로 n차원 유클리드 공간 E^n에서의 임의의 두 점 x, y 사이의 거리를

$$d(x, y) = \sqrt{(x_1 - y_1)^2 + \cdots + (x_n - y_n)^2}$$

와 같이 정의할 수 있다.

이상으로부터, 두 점 x, y 사이의 거리 $d(x, y)$는 다음 세 가지 조건을 만족한다는 것을 알 수 있다.

첫째, $d(x, x) = 0$, 역으로 $d(x, y) = 0$이면 $x = y$ (즉, 두 점 사이의 거리가 0인 것은 같은 점일 때에 한한다.)

둘째, $d(x, y) = d(y, x)$ (방향을 바꾸어도 두 점 사이의 거리는 변하지 않는다.)

셋째, $d(x, y) + d(y, z) \geq d(x, z)$

위의 세 조건은, 우리가 일상적으로 생각하는 거리를 그대로 추상화시켜서 나타낸 것에 지나지 않는다. 이 중 첫째, 둘째는 너무도 당연하다. 셋째는 평면상에서 두 점 사이의 최단거리는 그 두 점을 잇는 직선이라는 것을 상기하면 된다. 기호로 나타내니까 까다로운 내용같이 느껴지지만, 알고 보면 당나귀도 알고 있는 지극히 간단한 상식이다. 당근이 있는 곳까지 일직선으로 달리는 것이 가장 지름길이라는 것쯤은 말이다.

어쨌든, '거리'가 명백히 정해졌으므로, 이것을 기준으로 하여 n차원 유클리드 공간 E^n의 점끼리는 '가깝다'든가 '멀다'는 관계를 따질 수 있다.

예를 들어 x, y, O를 E^2(유클리드 평면)의 점이라 하고,

$$O=(0,0) \, , \quad x=(1,2) \, , \quad y=(0,3)$$

으로 놓으면, $d(O, x)=\sqrt{5}$, $d(O, y)=\sqrt{9}=3$이기 때문에, O로부터의 거리 x가 y보다 가깝다는 것을 알 수 있다.

E^n의 한 점 x로부터의 거리가 a보다 작은 점의 집합을

$$Ua(x)$$

와 같이 나타내고,

x를 중심으로 한 반지름이 a인 근방

이라고 읽는다.

E^2에서 이것을 나타내면, 다음 그림과 같이 x를 중심으로 한 반지름이 a인 원판의 내부가 된다.

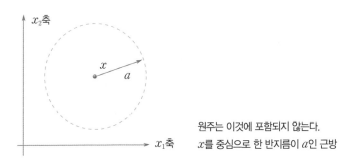

원주는 이것에 포함되지 않는다.
x를 중심으로 한 반지름이 a인 근방

거리공간(距離空間)

앞에서는 n차원 유클리드 공간 내에서 정해진 '거리'를 생각했으나, 이번에는 '유클리드 공간'이라는 사다리마저 걷어내고, 일반적으로 집

합이 주어졌을 때 그 집합에서의 거리를 정하는 문제를 생각해보자.

집합 A가 있다고 하자. 이 집합의 내용이 구체적으로 무엇인지 알 필요는 없다. A의 임의의 두 원소 x, y에 대해서 음수가 아닌 실수, 즉 0 아니면 양의 실수 하나가 정해진 것으로 한다. 이 실수를 기호

$$d(x, y)$$

로 나타낸다. 따라서 d는 A와 A의 직적(直積) $A \times A$(A의 임의의 두 원소로 된 순서쌍 전체의 집합)에서 음이 아닌 실수의 집합 R^+로의 하나의 사상이라고도 생각할 수 있다.

지금, 이 사상 d가 앞에서 이야기한 거리의 세 조건, 즉 다음 조건을 만족한다고 하자. 여기서 x, y, z는 집합 A의 임의의 원소이다.

첫째, $d(x, x) = 0$, 역으로 $d(x, y) = 0$이면 $x = y$

둘째, $d(x, y) = d(y, x)$

셋째, $d(x, y) + d(y, z) \geq d(x, z)$

이때, 집합 A에는 하나의 거리가 정해졌다고 한다. 그리고 사상 d를 A의 '거리함수(距離函數)'라고 한다.

겉으로 보면, 이것은 앞에서 이미 이야기한 유클리드 공간에서의 '거리'와 조금도 다를 것이 없다. 그러나 알고 보면 그것과는 엄청난 차이가 있다.

'거리'를 일단 이렇게 규정지으면, 앞으로는 이것을 기준삼아 거리를 다룰 수 있게 된다. 그리고 상식을 내세운 거리에 대한 다른 견해는 이제 일절 끼어들 여지가 없다. 이 점이 상식의 세계와 수학 세계의 크나큰 차이이다.

지금까지 생각해온 '거리'는 유클리드 공간 내의 두 점 사이의 직선거리였는데, 이 새로운 '거리'는 그러한 제한이 없다. 위의 세 가지 조건을 만족하는 사상 d가 있으면, 이 d는 '거리함수'가 되고, 이때 집합에는 거리가 정해지는 것이다.

거리가 정해진 집합은 '거리공간(距離空間)'이라고 불린다.

이렇게 생각하면, 공간은 매우 흔한 것이 된다. 그야말로 공간의 범람이다. 앞에서 공간의 다양화를 예고한 것은 이것을 두고 한 말이다.

유클리드 공간 내에서도, 직선거리 말고 위의 세 가지 조건을 만족하는 '거리'를 여러 가지로 생각할 수가 있다.

예를 들어, 두 점 x, y 사이의 거리를, 각 좌표의 차의 절대값의 합으로 정하는 것이 그 하나이다. 가령, 평면상에서 두 점의 거리를

$$x=(x_1, x_2) , \ y=(y_1, y_2)$$
$$d(x, y)=|x_1-y_1|+|x_2-y_2|$$

와 같이 정하는 것이다.

이 거리는, 오른쪽 그림과 같이 두 점의 좌표에 의해서 만들어지는 직각삼각형의 직각을 낀 두 변의 합을 나타낸다. 이것이 위의 조건을 모두 만족한다는 것은 쉽게 알 수 있다. 또, 평면상의 두 점 x, y의 각 좌표의 차 중에서 큰 쪽을 거리로 정할 수도 있다.

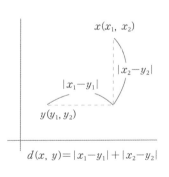

즉, $|x_1-y_1|$, $|x_2-y_2|$ 중에서 큰 것을 택하면, 이것 역시 앞의 세 조건을 만족하므로, 거리가 된다. 그런가 하면, 유클리드 공간에서 아무리 멀리 떨어져 있는 두 점이라도 그것을 0과 1 사이의 실수로 나타내는 거리도 있다.

데카르트의 해석 기하학으로부터 아주 먼 공간에까지 온 느낌이지만, 깊이 따지고 보면 이것 역시 근본적으로는 데카르트 정신의 산물이라고 할 수 있다. 왜냐하면,

> 하나의 자연을 여러 가지로 분해하여, 해체된 각 부분을
> 그것에 알맞은 '기계'를 가지고 규명하는 것

이야말로 넓은 의미의 해석 기하학이기 때문이다.

위상공간이란?
유클리드 기하학에서는 합동인 도형은 서로 구별하지 않고 '같은'

스패너의 강체운동과 소리굽쇠의 탄성운동

도형으로 간주한다. '합동'이란, 움직여서 서로 겹치게 할 수 있음을 뜻한다. 유클리드 기하학에서 도형을 움직인다는 것은, 어떤 위치에 있어도 모양이나 크기가 그대로인 이른바 '강체운동(剛體運動)'이다. 이에 대해서, 위상 기하학에서 도형의 운동은 크기와 모양이 바뀔 수 있는 '탄성운동(彈性運動)'이다.

앞에서 이야기한 바와 같이, 도형은 신축이 자유자재인 이상적인 고무로 되어 있다고 가정하여, 그 고무를 자유로이 늘이거나 구부리거나 오므리거나 해서(찢거나, 같은 도형의 부분끼리를 겹치게 하지 않고) 어떤 도형으로 변형할 수 있는 것끼리는 서로 '같은'(='동상'인) 도형으로 간주하는 것이다.

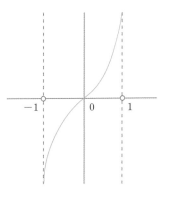

$y = \tan \dfrac{\pi}{2} x$의 그래프
(−1, 1) 사이의 개선분과 직선 전체가 '같음'을 보여주고 있다.

도형의 위상적 성질이란, 동상인 도형이면 모두가 공통적으로 지니고 있는 성질이며, 이 뜻으로 동상인 것은 토폴로지에서는 '같은' 것으로 취급한다. 따라서 토폴로지의 세계에서는 둥글거나 네모이거나, 길거나 짧거나 하는 것은 문제가 되지 않는다. 물론 13평짜리 서민 아파트나 100평짜리 호화 아파트의 구별도 없다. 심지어, 길이가 불과 1cm밖에 안되는 선분과 좌우로 무한히 뻗은 직선이 서로 '같은' 것으로 간주되는 그러한 세계인 것이다.

이처럼 토폴로지(위상 기하학)에서 말하는 '공간'은 자연 세계에서의 공간의 생각과는 거리가 멀다. 이 공간 세계는 공기나 물이 있다거나 없다거나 하는 따위를 일절 문제삼지 않고, '원근감(遠近感＝근방)'을 나타낼 수 있는 것이면 어떤 것(＝집합)이든 수학적인 공간으

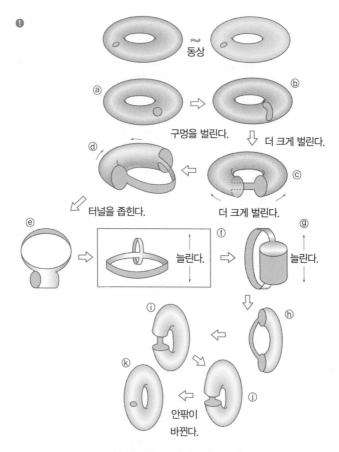

위의 ⓙ에서 검은 부분이 바깥을 향한 고리와 흰 부분이 바깥을 향한 고리가 붙은 모양으로 되어 있다. 즉, 이 둘이 대칭꼴로 되어 있다.
따라서 ⓙ 다음부터는, ⓐ까지의 절차를 거꾸로 되풀이하면 되는 것이다.

로서의 자격이 있다.

　이러한 공간을 자연계의 공간과 구별하여 '위상공간(位相空間)'이라고 부른다. 하기야 지금까지 보아온 공간은 토폴로지의 세계에 등장하는 공간으로서는 가장 기본적인 것들뿐이었지만.

　마지막으로, 위상적으로 '같은' ― 즉, '동상'인 ― 도형의 예를 더 소개해둔다. 이 사실을 한눈에 알아차릴 수 있는 사람은 머리가 아주 유연한 사람이다.

　구멍이 난 타이어를 그림 ❶처럼 뒤집어서 뒷면이 앞면으로, 그리고 앞면이 뒷면이 되도록 바꿀 수 있다. 여기서도 물론, 타이어가 마음대로 오므렸다 늘였다 할 수 있는 아주 고성능의 타이어로 되어 있어야 한다.

　마찬가지로, 그림 ❷와 같이 2인용의 튜브인 경우에도 구멍을 하나 뚫으면 안팎을 뒤집을 수 있다. 3인용, 4인용, …일 때에도 똑같다.

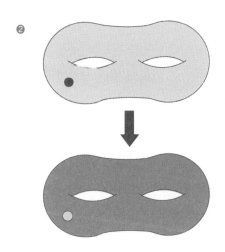

토폴로지 이야기
고무막 위의 변형을 즐겨보자.

일반적으로 어떤 것을 다른 것으로 바꾸는 일을 '변환(變換, trans-formation)'이라고 한다. 도형의 변환이라고 하면 도형 F를 다른 도형 F′로 옮기는 것이 된다. 따라서 도형을 점의 집합으로 간주하면 도형의 변환이라는 것은 점의 집합 F로부터 F′로의 대응이라고 할 수 있다. 즉, 변환은 도형 사이의 사상(寫像)을 말한다. 변환은 반드시 전단사 사상(全單射寫像)이라고 할 수는 없지만, '고무막(＝위상공간)'위에서의 도형의 변환은 앞에서 이야기한 바와 같이 전단사 사상이다.

이제부터 이 고무막 위에서의 변환 — 이것을 '위상변환(位相變換)' 이라고 부르기로 한다 — 에 관해서 좀더 자세히 알아보기로 하자.

고무막 위의 기하학 '토폴로지'

삼각형이나 사각형 그리고 원 등을 같은 도형으로 간주하는 재미 있는 기하학을 '토폴로지(위상 기하학(位相幾何學))'라고 부른다는 것 은 이미 이야기한 바와 같다. 그리고 서로 같은 도형을 '동상(同相)'이 라고 부른다는 것도 말이다.

이 기하학에서는 원과 선분은 서로 다른 것으로 취급된다는 것도 복습을 겸해 덧붙여둔다. 왜냐하면 늘이거나 줄이거나 하는 것만으로는 선분을 원으로 변형시킬 수 없기 때문이다. 또 마찬가지 이유로 이어진 도형과 그렇지 않은 도형은 '같을(=동상)' 수 없다.

여기서는 길이·넓이·부피·각도 등은 전혀 문제시하지 않는다는 이유도 앞에서 말한 이 기하학의 성질을 생각하면 금방 알 수 있다. 이러한 것들은 늘이거나 줄이는 동안에 변화해 버려서 일정한 기준을 둘 수 없기 때문이다.

여러분은 사면체, 오면체, … 등의 다면체는 한결같이

$$(면의\ 개수) + (꼭지점의\ 개수) - (모서리의\ 개수) = 2$$

라는 것을 기억할 것이다. 이것은 다면체에 바람을 넣어서 부풀게 했을 때 생기는 구면의 성질이다. 예를 들어, 축구공 표면에 임의로 다각형을 그려 연결시켜보면 위의 공식이 성립한다는 것을 확인할

수 있다. 그러니까 여러분이 알고 있는 이 관계 즉, 모양이야 어떻든 입체도형의 표면에 공통적으로 나타나는 관계는 사실은 토폴로지 (위상 기하학)의 성질인 것이다.

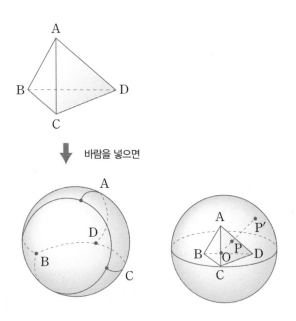

토폴로지는 이어진 상태를 알아보는 기하학

다면체의 면·꼭지점·모서리의 개수는 항상 2라는 수로 나타낼 수 있다는 것을 알게 되면, 더 나아가서 다른 곡면에 대해서도

$$(면의 개수) + (꼭지점의 개수) - (모서리의 개수)$$

가 어떻게 나타날지 알아보고 싶어지는 호기심을 억제할 수 없는 것이 사람이다.

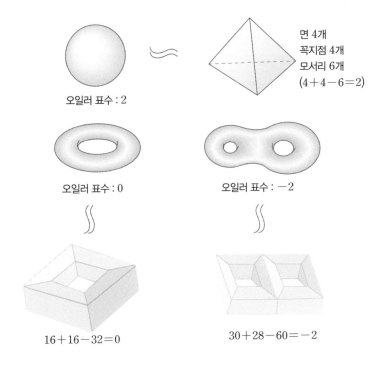

면 4개
꼭지점 4개
모서리 6개
$(4+4-6=2)$

오일러 표수 : 2

오일러 표수 : 0

오일러 표수 : -2

$16+16-32=0$

$30+28-60=-2$

이 관계를 나타내는 수를 '오일러 표수'라고 부르는데, 실제로 이 수에 의해서 곡면을 분류할 수가 있다. 그러니까 '오일러 표수'는 이 기하학에서 아주 중요한 구실을 하고 있는 것이다.

그런데 이미 짐작하고 있겠지만, 선분과 원이 '같은' 도형이 아니라는 것, 즉 동상이 아니라는 것은 이 기하학에서는 '이어져 있는지 아닌지' 하는 문제가 아주 중요한 구실을 한다는 것을 말해준다. 이처럼 도형의 '이어진 상태'를 연구하는 기하학인 토폴로지는 도형을 대국적으로 다루는 기하학이라고도 말할 수 있다. 즉 유클리드 기하학이 현미경으로 세포의 조직을 조사하는 경우라면, 토폴로지는 망원경으로 드넓은 우주를 관측하는 일에 비할 수 있다.

1608년의 가을, 당시 이탈리아 파도바 대학의 교수였던 갈릴레이는 자신이 만든 배율 30배의 망원경으로 달을 관찰했다. 인류 역사상 잊을 수 없는 순간이었다. 그때까지 사람들의 마음을 지배했던 '우주는 유한'이라는 아리스토텔레스의 우주관이 완전히 무너지고, 대신 무한대의 우주관이 등장하는 것은 이 순간부터의 일이다. 이 망원경이 과거의 낡은 우주관을 허물어뜨리는 결정적인 계기가 되었다면, '동상'이라는 개념은 과거의 기하학관을 무너뜨리고 위상수학이라는 아주 드넓은 기하학의 세계 ― 과거의 기하학은 그 속에서 아주 작은 위치를 차지하는 데 지나지 않는 ― 를 보여주는 '망원경'의 구실을 하고 있는 셈이다.

공상적인 수학놀이

옷이나 끈, 그리고 고무줄 등을 자유자재로 늘이거나 줄일 수 있다고 가정하고, 다음 문제를 풀어보자. 얼핏 보기에 별 뜻도 없는 장난 같지만, 이러한 공상적인 놀이 속에도 수학(토폴로지)의 중요한 생각이 깃들어 있다는 것을 잊지 말기 바란다.

Q 1 그림과 같이, 수갑을 찬 죄수가 더럽혀진 셔츠를 뒤집어 입고 싶어하는데, 정말 그런 일이 가능할까?

답 | ① 먼저 위로 끌어올린다.

② A의 구멍으로 B를 잡아당긴다.

③ 모두 잡아당긴 다음에 마무리를 한다.

④ 셔츠를 내려 입으면 뒤집혀진다.

Q 2 | A와 B 두 사람이 아래 그림처럼 두 개
의 끈에 매어져 있다고 하자. 이 끈을
자르거나 손목에 끼지 말고 두 사람을
서로 떨어지게 하는 방법은 없을까?

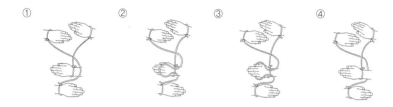

① ② ③ ④

답 | ① 상대방의 끈과 교차시켜서 자기 팔에 감는다.

② 상대방의 손목에서 자기의 끈을 꺼낸다.

③ 꺼낸 끈이 손목을 빠져나가도록 한다.

④ 그러면, 저절로 두 사람의 끈은 떨어져 나간다.

Q 3 코트의 단춧구멍에 연필을 꽂고, 그림과 같이 고리가 달린 끈을 연필 끝에 묶는다. 이 고리는 연필보다 길이가 짧다. 자, 여기서 다음 문제를 풀어보자. 코트를 찢거나 고리를 풀지 않고, 또 끈을 묶은 자리를 움직이지 않고 단춧구멍에서 연필과 고리를 빼낼 수 있는가?

(즉, 오른쪽 그림에서 코트만 빠진 상태가 되도록 한다.)

힌트 | 코트는 마음대로 구부릴 수 있는 아주 부드러운 천으로 만들어져 있다고 하자. 앞 문제와 관련시켜서 생각하면 답은 싱거울 정도로 쉽다.

답 | 코트의 단춧구멍 자리를 연필심 끝까지 끌어올린('힌트'에서 그렇게 할 수 있다고 했다) 다음에, 연필을 구멍에서 빼내면 된다.

연필심 끝쪽으로 단춧구멍만 끌어올린다.

위상(位相)의 의미
유클리드 공간에서의 동상사상

토폴로지에서는 자르거나 덧붙이거나 하면 다른 도형이 된다고 하였으나, 일단 자른 곳을 전과 같이 이어붙이면 다시 '같은' 도형이 된다.

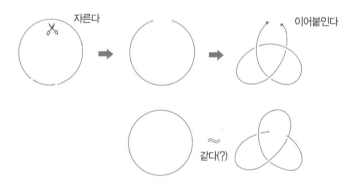

그러나 위의 두 도형, 즉 원과 매듭진 선은 같은 도형으로는 보이지 않는다. 관점을 바꾸어, 4차원의 공간에서는, 이 둘은 늘이거나 줄이거나 해서 일치시킬 수 있다. 따라서 이 두 도형은 같은 도형이 3차원 공간에서는 '위치'가 다르게 나타나 있는 것이라고 풀이할 수 있다.

이와 같이 '위치'를 따지는 것을 '위치의 문제'라 한다. 이에 대해서 늘이거나 줄이거나 해서 도형을 조사하는 것을 '동상의 문제'라고 한다.

매듭진 토러스(바람을 넣은 고무튜브의 표면).
이것은 토러스와 동상이지만, 보통의 토러스와
'위치'가 다르다.

4차원의 새끼줄

'위상 기하학'의 '위상'이라는 표현은, 이 '위(치)'와 '(동)상' 둘을 연구하는 기하학이라는 뜻에서 지어낸 것이다.

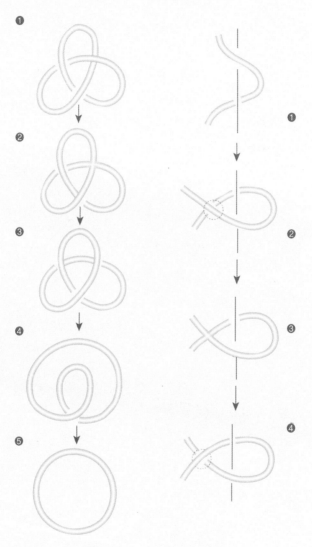

자기 자신과 만나도 된다고 가정하면!

단지 동상이라는 관점만으로는 다음과 같은 기묘한 곡선까지도 선분과 같은 것이 된다. ❶의 곡선 C_1은 3차원 유클리드 공간 내의 곡선으로서 선분과 동상이지만, 이 공간 내의 선분과 동위(同位)는 아니다.

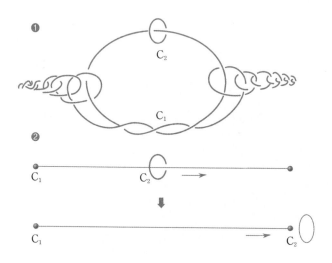

즉, 3차원 유클리드 공간에서의 동상사상(同相寫像(찢거나 겹치게 하지 않고 하는 도형의 연속적인 변형))으로는 C_1을 선분으로 옮길 수는 없는 것이다. 이 증명은 간단하지는 않지만, 직관적으로 말하면, 위 그림은 폐곡선 C_2를 C_1으로부터 벗길 수는 없으나 C_1이 선분과 '동위인' 경우에는 ❷에서처럼 벗길 수가 있다.

'동상'이지만 '동위'가 아닌 도형의 보기
(❶과 ❷의 ⓐ, ⓑ, ⓒ, ⓓ, ⓔ 중에서 어느 것이 동위가 아닌지 생각해보자.)

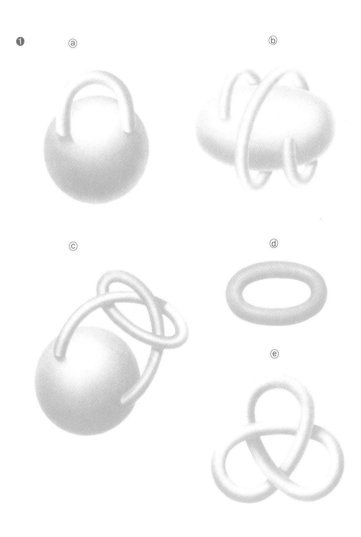

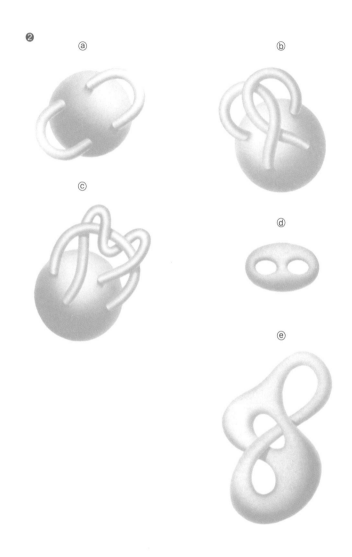

위상공간 속의 곡면
뫼비우스의 띠

뫼비우스의 띠

긴 직사각형 테이프의 한쪽 끝을 아래 그림과 같이 $180°$ 비튼 다음에 풀로 양끝을 이어붙이면, '뫼비우스의 띠'로 불리는, 앞면과 뒷면의 구별이 없이 하나로 이어진 괴상한 띠가 생긴다.

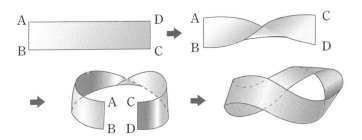

이것을 생각해낸 사람은 독일의 수학자이자 천문학자였던 뫼비우스(A. F. Möbius, 1790~1868)이다.

직사각형의 한쪽 변을 비틀어 마주보는 변에 이어붙이기만 하면 색다른 곡면이 생긴다고 했으니까, 계속 몇 번이고 비틀어 이어 붙이면 그때마다 새로운 곡면이 생긴다고 기대해볼 만도 하지만, 사실은 유감스럽게도 그렇지 못하다.

뫼비우스의 띠를 다시 한번 비틀어보면 이번에는 다시 앞뒤의 두 면이 있는, 두 번 꼬인 보통의 띠가 되고 만다. 아무리 몇 번을 되풀이해도 결과는 보통의 띠 아니면, 뫼비우스의 띠와 같은 상태가 될 뿐이다.

다음에는 아래 그림처럼 뫼비우스 띠의 가운데에 한 개의 금을 긋고 그 금을 따라 가위로 자르면 띠가 두 부분으로 갈라지는가 어떤가를 알아보자. 1개뿐만 아니라 2개의 금을 그어 보고 그 금을 따라 가위질을 하면 결과는 어떻게 될까? 한 번 가위질할 때는 보통의 띠로 된 고리 하나가 생기고, 두 번 가위질할 때는 뫼비우스 띠와 보통의 띠가 맞물린 뜻밖의 일이 벌어진다. 그 까닭은 뫼비우스 띠의 성질, 곧 면이 하나밖에 없다는 것을 생각해보면 이해가 될 것이다.

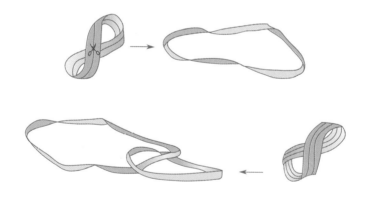

Q 아래 그림의 A에서 출발하여 그대로 B로 도달할 수 있는지 여러분 스스로 생각해보자.

뫼비우스 띠와 비틀지 않은 보통의 띠로 된 고리는 '동상'이 아니다. 즉, 위상적(位相的)으로는 서로 다르다. 뫼비우스 띠에는 가장자리가 하나밖에 없지만, 보통의 띠는 가장자리가 2개 있는 것이 보통이다. 그런데 가장자리가 몇 개인가 하는 것은 모양이나 크기 등과는 상관이 없는 위상적인 성질이기 때문에, 뫼비우스 띠와 보통의 띠는 '동상'이 될 수 없다.

뫼비우스 띠의 더 두드러진 특징은 처음에 말했듯이 '면'이 하나밖에 없다는 점이다. 보통의 띠는 두 색깔, 가령 빨강과 파랑으로 두 면을 따로따로 구분해서 색칠할 수 있지만, 뫼비우스 띠는 한 색깔로 온통 칠해지고 만다. 이 사실을 다음과 같이 비유해서 말할 수 있다.

뫼비우스 띠 위에 어떤 생물이 살고 있다고 하자. 이 생물은 좌우의 방향을 알고 있어서, 두 엄지손가락을 그림처럼 마주보게 함으로써 오른손과 왼손을 구별한다.

어느날 아침, 이 생물이 눈을 떠보니 오른쪽 장갑을 어디에선가 잃어버리고 왼쪽만이 있었다. 지혜가 있는 이 생물은 곧 띠 위를 한

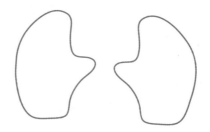

뫼비우스 띠 위의 생물은 왼손과 오른손을 이렇게 구별한다.

바퀴 돌았다. 그랬더니 이상하게도 그 장갑이 오른짝이 되고 만 게 아닌가? 물론 왼손은 오른손, 오른손은 왼손이 되고 말았지만.

그러나 뫼비우스 띠 위의 생물에게 있어서 좌우의 구별이 의미를 지닌 때는 이 띠를 일주하지 않는 경우뿐이고, 띠 전체에서는 좌우를 구별할 수 없다. 요컨대 뫼비우스 띠는 '방향을 정할 수가 없는' 세계(공간)인 것이다. 이에 대해서, 우리가 살고 있는 세계는 어디서든 좌우를 구분할 수 있는 '방향이 있는' 공간이다.

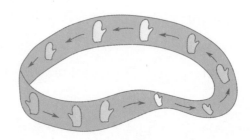

왼손짝이 어느새 오른손짝이 되고 마는 뫼비우스 띠의 세계

클라인병

뫼비우스의 띠 이외에도 '면이 하나밖에 없는 도형'은 또 있다. 앞에서 잠시 소개한 '클라인병'이 바로 그것이다. 이것을 고안한 사람은 독일의 수학자 클라인(Klein, 1849~1925)이다. 이 4차원의 도형을 시각적으로 그럴듯하게 느끼게 하기 위해서, 다음과 같은 경우를 생각해보자.

먼저, 튜브를 적당히 잘라서 원통을 만든다. 그러고는 한쪽 끝을 넓히고 다른 한쪽 끝을 좁혀서 병목처럼 만든다. 다음에는 좁힌 한쪽 끝을 틀어서 튜브의 옆면 구멍 속으로 집어넣어 바닥(넓힌 튜브의 끝부분)의 가장자리와 잇는다.

이것은 '구멍이 뚫린(펑크난) 클라인병'이라고 부를 수 있을 것이다. 그러나 실제로는 토폴로지에서 생각하는 클라인병에는 구멍 같은 것은 없으며, 연속적으로 이어진 한 면이 자기 자신을 뚫고 지나

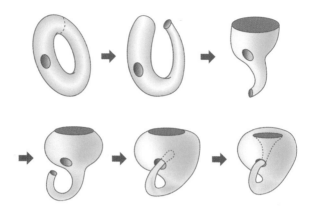

가고 있다. 물론, 이러한 도형은 우리가 몸담고 있는 3차원 공간상에는 나타날 수 없지만, 수학자들에게는 이러한 도깨비 장난 같은 도형을 얼마든지 사용할 수 있는 특권이 부여되어 있다.

자, 그러면 상상 속에서만 존재하는 이 위상적인 '병'과 비슷한 모델을 다시 한번 이번에는 좀더 그럴듯하게 만들어보자.

모델1

알프스의 목동이 부는 호른(뿔피리) 모양을 한 다음과 같은 파이프로부터 시작한다.

뚫려 있다.

이 파이프의 작은 '입'을 다음 그림처럼 곡면의 안쪽으로부터 그

파이프의 두 끝을 서로 잇는다.

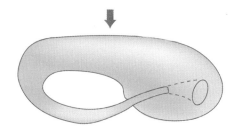

큰 '입'과 잇기 위해서는 어떻게 하면 좋은가를 생각해보자.

그런데 실제로 이 두 끝을 서로 잇기 위해서는 파이프의 옆면에 구멍을 뚫어야 한다. 그러나 파이프에 구멍을 뚫는 것은 허용되지 않는다. 구멍을 뚫어버리면, 이미 튜브와 동상인 도형이 될 수 없기 때문이다. 따라서 양 끝을 잇는 작업은 옆면에 구멍을 만들지 않고 이루어진다고 상상할 필요가 있다.

그 상황을 실감할 수 있기 위해서, 다음 그림처럼 두 군데에 구멍이 난 풍선을 머리에 그려보자. 거듭 말하지만, 실제로는 이 구멍난 풍선은 당초의 그것과는 위상적으로 다른 것이 되고 만다.

그리고는 풍선의 목을 가까운 구멍 속에 넣어 끌어당기고, 그 끝은 또 하나의 구멍 끝과 잇는다. 이렇게 하면, 이 '병'의 바깥면이 어디에서 끝나고 어디에서부터 안쪽면이 시작하는지 알 수 없게 된다. 그러니까 이 '병'에는 한쪽 면만 있다.

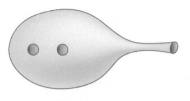

풍선에 구멍을 뚫는다.

그러나 이 클라인병의 모델은 금지사항을 어기고 구멍을 뚫어버렸기 때문에 단지 하나의 '모델'에 지나지 않는다는 것을 잊어서는 안 된다.

모델2

클라인병과 뫼비우스 띠의 중요한 차이는, 전자가 가장자리를 갖지 않는 데 대해 후자, 즉 뫼비우스 띠는 가장자리를 가지고 있다는 점이다. 이 점을 염두에 두고, 두 개의 뫼비우스 띠를 준비하여, 그 가장자리끼리 서로 이어붙여보자.

먼저 길이가 같고 거울에 비친 상(像)이 서로 다른 두 개의 뫼비우스 띠를 만들고(그림 ❶), 각각 한 군데를 접어서 가지런히 놓는다.(그림 ❷)

그러고는 이 두 개의 띠의 가장자리를 테이프로 이어붙인다. 이때, 앞에서 접었던 자리가 클라인병의 '입'부분이 된다. 그러나 이것은 어디까지나 상상의 세계에서만이 가능하다. 실제로는 띠를 몇 차례 자르지 않으면, '입'부분까지 테이프로 이어붙일 수 없지만, 이것은 금지되어 있다. 오직 머릿속에서만이 절단하는 일 없이 테이프를 이어붙일 수가 있다.

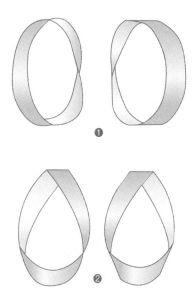

❶

❷

    뫼비우스 띠와 클라인병의 특징을 노래한 다음과 같은 시 구절이
있다.

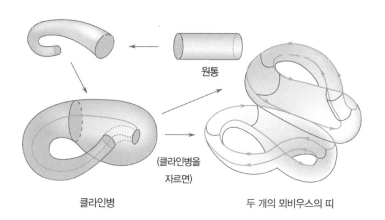

원통

(클라인병을
자르면)

클라인병

두 개의 뫼비우스의 띠

어떤 수학자가 이렇게 실토했단다,

뫼비우스 띠는 면이 하나밖에 없는데,

그것을 반으로 자른다면

두 개가 아니라 여전히 하나,

그것도 두 개의 면과 두 번 비튼

띠로 둔갑한다…

클라인이라는 수학자가 생각했단다,

뫼비우스 띠는 참 멋있다…

클라인이라는 수학자가 말했단다,

뫼비우스 띠의 두 가장자리를 이어붙이면

기묘한 병으로 둔갑한다고

클라인병은 뫼비우스 띠와 마찬가지로 방향을 정할 수가 없다. 그러나 가장자리가 없다는 점은 뫼비우스 띠와 다르다. 또, 이 도형은 자기 자신 속을 뚫고 들어간다는 비상수단을 쓰지 않고는 3차원 공간에 나타내보일 수가 없다. 거듭 말하지만, 이 사실은 곧 3차원 공간 내에서는 클라인병을 만들 수 없다는 것을 뜻한다.

그러나 4차원 공간에서라면, '자기자신과 만난다'는 따위의 억지를 부리지 않고 이 병을 만들 수 있다. 여기서는 마치 3차원 공간에서의 원처럼 내부와 외부를 자유로이 왕래할 수 있으니까 말이다.

사영평면(射影平面)

이번에는 한층 더 상상력을 발휘해보자. 다음과 같이 뫼비우스 띠

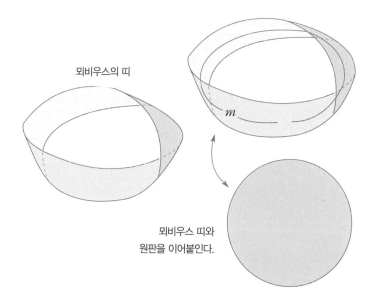

뫼비우스의 띠

m

뫼비우스 띠와
원판을 이어붙인다.

와 원판이 있다고 하자.

지금 뫼비우스 띠의 가장자리(하나밖에 없다!)와 원판의 가장자리(원주)를 이어붙여서 이 띠의 구멍을 메우면 다음과 같은 모양의 도형이 생긴다. 도저히 상상이 불가능하다고 비판할 것까지는 없다. 본래 이 작업은 3차원 공간 내에서는 불가능하기 때문에 사실은 수학자로서도 쉬운 일은 아니니까 말이다.

이렇게 하여 만들어진, 원판과 뫼비우스 띠의 가장자리(원주)를 서로 이어붙여서 만든 도형을 '사영평면(射影平面)'이라고 부른다.

사영평면이라는 이 공간은 기묘한 세계이다. 뫼비우스 띠의 중앙 부분에 있는 선을 따라 한 바퀴 돌면 좌우가 엇바뀐다. 즉, 여기서는

뫼비우스 띠의 가
장자리가 원이 되
도록 한다.

이 구멍을 원판으로
덮으면 사영평면이
된다.

위의 그림의 내용을 그런대로 짐작할 수 있으면
수학적 재능이 아주 풍부한 사람이다.

길을 따라 갔다가 돌아오면, 지금까지 왼쪽에 있었던 심장이 오른쪽
에 있게 되는 것이다. 그 이유에 대해서는 이미 알고 있을 것이다.

이런 공상적인 도형은 그저 수학자들이 부질없이 만들어낸 장난
감에 지나지 않는다고 생각하면 큰 잘못이다. 말 그대로 '과학의 여

자유롭게 공간을
만드는 것이
수학의 특징이라구.

왕' 구실을 하고 있는 현대 수학은, 이처럼 자유로이 공간을 만든다는 것을 하나의 중요한 특징으로 삼고 있다. 이렇게 만들어진 공간은 실제로 다른 과학에 여러 가지로 응용되고 있을 뿐 아니라, 다른 과학 쪽에서도 이용하기 쉬운 새로운 공간의 제조를 수학에 요구하고 있는 실정이다.

수학이라는 제조 공장은, 팔리지 않는 물건은 결코 만들지 않는다. 그중에는 당장에 고객이 찾아가지 않는 것도 꽤 많지만, 언젠가는 반드시 팔리게 된다.

매듭의 기하학
끈이 엮는 수학

예로부터 끈의 매듭을 짓는 일에 가장 익숙한 사람은 아마도 뱃사람들일 것이다. 그들은 돛을 단다든지 짐을 배에 싣는다든지, 또 배를 육지에 매어놓는다든지 하는 일을 통해, 줄을 매거나 푸는 일에 누구보다 숙달된 사람들이기 때문이다.

'매듭'을 영어로 '노트(knot)'라고 하는데, 이 '노트'라는 낱말은 지금도 배의 속도를 나타내는 단위로 쓰이고 있다. 그 유래는, 옛날에는 긴 밧줄에 일정한 간격을 두어 매듭을 짓고 매듭마다 나무토막을 끼워 넣어 표시한 후 항해 중에 바다에 던진 데서 비롯되었다.

이렇게 함으로써 일정한 시간 동안에 몇 개의 '노트(매듭)'가 물에 떠내려갔는지를 셈하여 10노트, 20노트라고 불러 배의 속도를 재었던 것이다.

8자매듭　　옭매듭

끈이나 밧줄을 매는 방법에는 여러 가지가 있으나, 그중에서 가장 간단한 것은 '옭매듭'이다. 그러나 이 매듭은 풀기가 힘들기 때문에 풀기가 쉬운 '8자매듭'을 쓰는 경우가 많다.

수학에서도 매듭을 다룬다. 그러나 여기서의 매듭은 보통 말하는 매듭과는 의미가 조금 다르다. 수학에서 말하는 매듭은 다음 뜻으로 쓰인다. 즉, 한 개의 끈으로 된 여러 가지 모양의 매듭이 있을 때, 그 양 끝을 맺으면 전체로서 하나의 고리가 된다. 이러한 고리, 그러니까 공간 속에서의 하나의 폐곡선을 수학에서는 '매듭(노트)'이라고 부른다.

수학에서의 여러 가지 매듭

매듭에는 여러 가지 종류가 있지만, 그중에서, 가령 다음 그림의 ❶과 ❷와 같이 적당히 움직이면 같은 모양이 되는 것을 '같은 매듭'이라고 부른다. 같은 매듭끼리는 따로 구별하지 않는다.

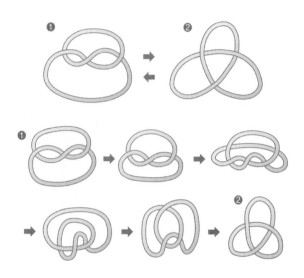

그런데 얼핏 보기에도 서로 다른 두 개의 매듭을 적당히 움직여서 같은 모양의 매듭으로 만들 수 있는지, 즉 두 매듭이 같은 것인지 어떤지를 판가름하는 것은 매우 힘든 일이다.

아무리 이리저리 움직여봐도 같은 모양이 안 된다고 해서, 이것들이 '같은 매듭'이 아니라고 확실히 말할 수는 없다.

예를 들어, 다음 그림 ❶의 매듭을 움직여서 ❷의 꼴로 만들 수 있을까?

그렇게 할 수 있다. 그러나 이것이 가능하다는 것이 밝혀지기까지 무려 80년의 세월이 걸렸다!

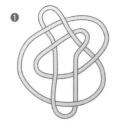 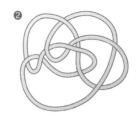

두 개의 매듭이 서로 같은 것인지 어떤지를 판가름하는 문제를 '매듭의 문제'라고 부른다. 그리고, 이 문제를 연구하는 것이 '매듭의 수학'이다.

이 '매듭의 수학'은 19세기 초에 시작된, 그러니까 100여 년 이상의 역사를 가진 학문이다. 그 후 19세기 말, 정확히 1890년에는 800종 가까운 서로 다른 매듭들이 발견되었으며, 최근에는 아래 그림과 같은 교점이 11개인 매듭이 컴퓨터의 힘으로 새로 발견되었다.

이 많은 매듭 중에서 가장 간단한 것은 다음 그림 ❶과 같이 맺힌 곳이 전혀 없는 매듭이다. 이것을 특히 '자명한 (너무도 명백한) 매듭'이라고 부른다.

복잡한 매듭
(위에서 보았을 때의 교점이 11개 있다.)

간단한 매듭

'매듭의 수학'은 처음에 뱃사람들의 작업장에서 시작하여 일상 생활 속의 보잘것없는 기술로, 그리고 일종의 유희로 다루어지다가 마침내 학문(토폴로지)의 세계로까지 진출하였다.

여기서 매듭에 관한 유명한 정리를 소개해둔다.

다음 그림에서 ❶의 매듭을 하나의 선분을 포함하는 평면에 따라 천천히 펴나가면 ❻의 꼰 끈이 생긴다. 이 ❻의 꼰 끈을 ❼과 같이 끈으로 이으면 처음의 매듭 ❶이 된다. 이것을 정리의 형식으로 말하면, 다음과 같다.

|정리| 매듭(그림 ❶)은 꼰 끈 (그림 ❻)의 위 아래를 이음으로써 이루어진 도형이다.(알렉산더의 정리)

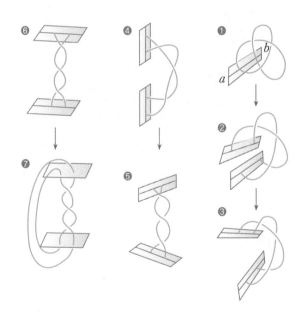

꼰 끈이 엮는 '군(群)'

꼰 끈의 종류는 무한히 많다. 다음 그림 ❶처럼 꼰 끈 1개로 된 '1차'의 꼰 끈, 2개로 된 '2차'의 꼰 끈, 3개로 된 '3차'의 꼰 끈, … 등 말이다. 또 간단한 2차의 꼰 끈만으로도 오른쪽으로 1번, 2번, 3번, …씩 틀면, 그때마다 다른 것이 만들어지기 때문에 그 종류는 무수히 많다.

지금, 그림 ❷의 ⓐ, ⓒ라는 두 꼰 끈을 동시에 오른쪽으로 한 번 틀어보자. 그러면 두 꼰 끈 모두 '꼬임'이 한 번 늘어나서 각각 ⓑ, ⓓ의 꼰 끈으로 바뀐다. 즉, 오른쪽으로 튼다는 조작을 행함으로써 두 꼰 끈 ⓐ, ⓒ의 관계는 ⓑ, ⓓ라는 두 꼰 끈의 관계와 같은 관계가 되는 것이다.

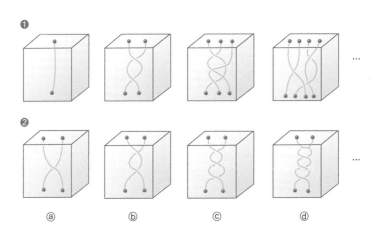

결론부터 먼저 말한다면, 이 2차의 꼰 끈 전체의 집합은 '튼다'라는 조작에 의해서 꼰 끈끼리 서로 연관된 하나의 유기체를 이루고 있다. 이것이 '군(群)'이라는 구조이다.

4차의 꼰 끈을 가지고 이러한 조작의 구조를 알아보기로 하자.

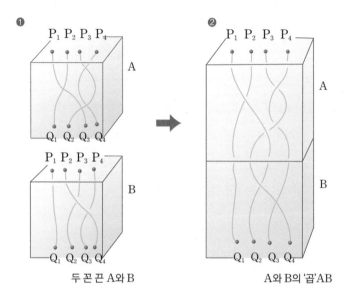

두 꼰 끈 A와 B

A와 B의 '곱' AB

위 그림의 ❶과 같이, 정육면체 속에 들어 있는 두 꼰 끈 A와 B를 P_1, P_2, P_3, P_4와 Q_1, Q_2, Q_3, Q_4가 각각 일치하도록 이어붙인 다음에, 이 붙인 면을 지워버리면 ❷와 같이 하나의 길죽한 육면체 속에 들어 있는 꼰 끈이 만들어진다. 모양이 좋지 않다고 생각되면, 정육면체꼴로 다시 고쳐도 무방하다.

이 새로이 만들어진 꼰 끈을

'A와 B의 곱'

이라고 부르고,

AB

와 같이 나타내기로 한다. 직관적으로 말한다면, '곱 AB'란 꼰 끈 B가 들어 있는 정육면체 위에 A가 들어 있는 정육면체를 쌓아올리는 것이라고 생각하면 된다.

꼰 끈의 '곱셈'은 교환성이 성립하지 않는다. AB와 BA는 두 정육면체의 순서를 바꾸어서 쌓는 것이기 때문에, 그 결과는 일반적으로 달라진다.

그러나 임의의 세 꼰 끈 A, B, C 사이의 곱에 관해서는

$$(AB)C = A(BC)$$

즉, 결합법칙이 성립한다. 이것을 확인하기 위해서는 실제로 이 식의 양변을 나타내는 꼰 끈을 조사해보면 된다. 양변의 식은 둘 다 3개의 꼰 끈 A, B, C가 들어 있는 정육면체를 C위에 B, 그 위에 A의 순서로 쌓아올린 것임을 금방 알 수 있다.

이 4차의 꼰 끈 중에는 특별한 것이 있다. 바로 $P_i(i=1, 2, 3, 4)$와 $Q_i(i=1, 2, 3, 4)$를 직선으로 이은 것뿐인 꼰 끈이다. 이것을

$$E$$

로 나타내면, E는 다른 모든 꼰 끈, 예를 들어 임의의 꼰 끈 D에 대해서

$$DE = D, ED = D$$

이며 다음 그림과 같다. 이것은 수 사이의 곱셈에서의 1과 마찬가지로 곱셈의 결과에 아무런 영향을 미치지 않는다.

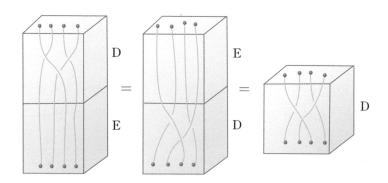

이러한 꼰 끈 E를 이 4차의 꼰 끈 사이의 곱셈에 관한 '단위원(單位元)'이라고 부른다.

또, 꼰 끈의 곱셈에서는 다음과 같은 일이 생긴다. 가령, 꼰 끈 A가 들어 있는 정육면체의 밑면을 거울이라고 한다면, A의 상(像) A′가 그 아래의 정육면체에 비친다. 이 둘을 쌓아서 AA′와 A′A를 만들면 이것들은 둘 다 단위원 E와 같아진다.

이러한 꼰 끈 A′를 'A의 역원(逆元)'이라고 부르고, A^{-1}과 같이 쓴다. A와 A^{-1}은 서로 쌍을 이루고 있어서

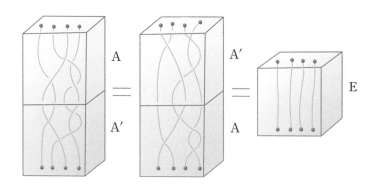

$$AA^{-1}=E,\ A^{-1}A=E$$

가 된다.

이상을 정리하면, 4차의 꼰 끈 집합은 '곱셈'에 관해서 다음과 같은 성질이 있다.

❶ 임의의 두 원소(꼰 끈) A, B에 대해서 곱 AB를 만들 수 있고 언제나 결합법칙

$$(AB)C=A(BC)$$

가 성립한다.

❷ 이 집합은 곱셈에 관해서 '단위원(=항등원)' E를 갖는다. E는

$$AE=A,\ EA=A$$

라는 성질을 갖는다.

❸ 각 원소 A에는 그것과 서로 쌍을 이루는 원소 A^{-1}가 있고

$$AA^{-1}=E,\ A^{-1}A=E$$

라는 성질이 있다. A^{-1}을 A의 '역원'이라고 한다.

위의 세 가지 성질을 가지고 있는 집합을 수학에서는

'군(群)'

이라고 부른다. 그러니까 4차의 꼰 끈의 집합은 군(群)인 것이다. 더 엄격하게 말하면 '곱셈'이라는 연산에 관해서 군을 이룬다고 한다.

물론 4차뿐만 아니라 일반적으로 n차의 꼰 끈에 관해서도 군이 된다. 이 꼰 끈으로 된 군은 군의 이론에서 아주 중요한 구실을 한다.

한낱 장난에 지나지 않을 것 같은 꼰 끈의 유희 속에 이런 법칙이 숨어 있다니! "인간은 진리의 바다 앞에서 조개껍질을 줍는 어린이와 같다"라고 한 뉴턴의 말을 새삼 실감나게 해준다.

부동점과 특이점
단층사진의 원리에서 '파국의 이론'까지

단층사진의 효과1

의학상의 최신 기술로 단층사진(斷層寫眞, CT)이라는 것이 있다. 문제가 되는 부위를 마치 살코기를 얇게 베어내는 정육점의 기계처럼 작은 토막으로 세분하여 찍어내는 X선 사진이 그것인데, 암 검사 등에 효과적으로 쓰인다. 다음 그림들은 이 단층사진의 원리를 이용

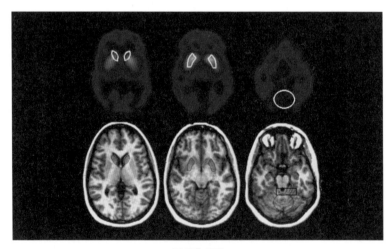

뇌 단층 사진

한 것이다.

먼저 다음과 같은 문제부터 생각해보자.

Q A, B, C, D의 물체를 수평하게 몇 군데에서 잘랐더니 절단 부분의 모양이 다음과 같았다. 이들은 각각 무엇을 자른 것일까?

답을 보지 않고도 어떤 도형을 토막낸 것인지 알아맞힐 수 있으면 통찰력이 대단한 사람이다.

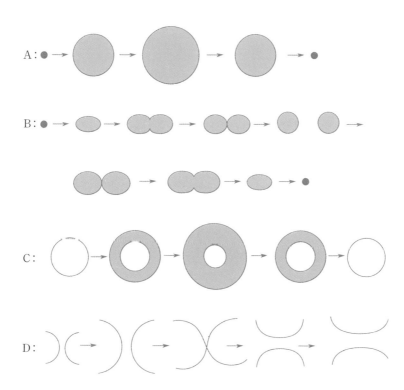

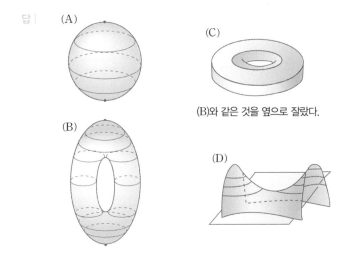

답 | (A)

(C)

(B)와 같은 것을 옆으로 잘랐다.

(B)

(D)

단층사진의 효과2

뾰족한 부분이 생기지 않도록 매끄럽게 도형을 변형시키는 일은 수학에서 대단히 중요하다. 미분학을 배운 사람이면 뾰족하게 생긴 점에서는 도함수를 구할 수 없다는 것을 잘 알 것이다. 이때 도형이

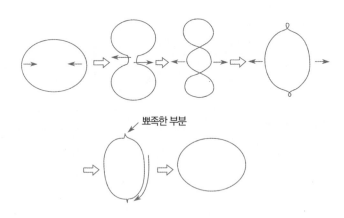

뾰족한 부분

서로 겹쳐지거나, 다른 도형 속을 (유령처럼) 헤쳐나가는 것은 인정하기로 한다.

예를 들어 평면 내에서 원의 안팎을 바꾸고자 할 때, 앞의 그림처럼 반드시 뾰족한 부분이 생긴다. 이런 경우, '매끄럽게 안팎을 바꿀 수 없다'라고 말한다.

그렇다면 공간 내에서 구면의 안팎을 뒤집을 때는 어떻게 될까? 다음과 같이 하면 뒤집을 수는 있지만, 역시 매끄럽지 않은 뾰족한 부분이 대원(大圓)으로 나타난다. 그러니 이때도 일은 틀린 것처럼 보인다.

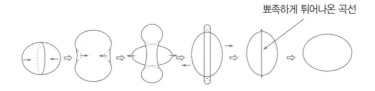

뾰족하게 튀어나온 곡선

이 예상을 뒤엎고, 미국의 젊은 수학자 스메일(S. Smale, 1930~)은 이것이 가능하다는 것을 증명하였다. 1959년, 그러니까 그의 나이 29세 때의 일이다.

스메일은 이것을 이론적으로만 증명했지만, 나중에 베르나르 모랭과 아널드 샤피로 두 교수가 실제로 매끄럽게 구면을 뒤집는 장면을 보이는 데 성공하였다. 그러나 이 변형은 작업의 도중에 아주 복잡한 변형을 해야 한다. 이럴 때 단층사진의 수법이 효력을 발휘하게 된다.

구면을 매끄럽게 뒤집는 이 문제는 우리에게 여러 가지 교훈을 남겨주고 있지만, 그중에서도 중요한 것은 문제를 '보다 높은 입장에서

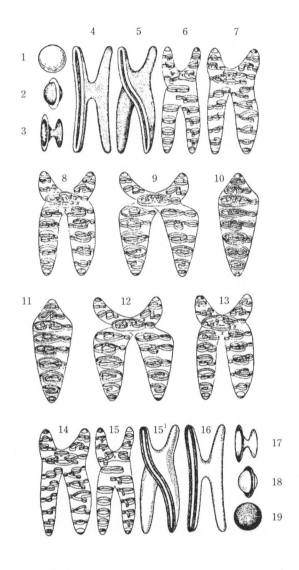

이 그림을 한눈에 이해할 수 있으면, 수학의 천재이다.
구면의 '매끄러운 안팎 뒤바꾸기'의 작업 과정을 단층사진으로 나타낸 것.

생각하는 것'이 해결의 실마리가 되는 경우가 많다는 사실이다. 단지 구면을 바라보며 '뒤집을 수 있는가?'를 되뇌인다고 해서 어떤 묘안이 떠오르는 것을 결코 아니다. 우선 '할 수 있다!'라는 신념 아래, 추상화된 높은 입장에서 생각을 다듬었기 때문에 이 어려운 문제가 해결되었다고 보아야 한다. 이 문제를 규명하는 과정에서 맹인 수학자가 크게 한몫을 했다는 이야기는 매우 암시적이다.

부동점 정리(不動點定理)

'부동점'이란 문자 그대로 움직이지 않는 점을 말한다. 커피를 저을 때 생기는 소용돌이의 중심은 부동점이다. 정확히 말하면, 이 부동점(소용돌이의 중심)은 어떤 일순간의 움직임, 즉 속도가 0이 되는 점이다. 사람의 머리마다 거의 하나씩 있는 가마를 생각하면 된다.

이것을 좀 더 수학적으로 표현해보자. 지금, 완전히 겹쳐져 있는 두 장의 종이가 있다고 할 때 위에 놓인 종이를 l, 아래에 놓인 종이를 m이라고 하자. 이 상태에서는 l 위의 점 x는 아래의 m 위에 있는 점과 같은 위치에 있기 때문에, 이것들을 같은 문자 x로 나타내기로 한다.

그 다음에 위의 l의 위치를 옆으로 옮기면서, m 밖으로 나온 l의 부분을 안으로 접어서 l이 m 안에 있도록 한다. 이러한 변환(=변형)을 f라는 기호로 나타내기로 하자.

이때 $f(x)$의 값, 즉 m 위의 점의 위치 x에 대응하는 l의 점의 위치 x'는 어떤 성질을 지니고 있을까?

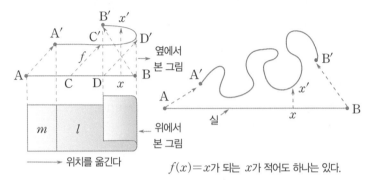

① 종이의 위치를 옆으로 옮긴다.　　② 실을 아무렇게나 헝크러뜨린다.

옆에서
본 그림

위에서
본 그림

위치를 옮긴다

$f(x)=x$가 되는 x가 적어도 하나는 있다.

위 그림 ①을 보면 알 수 있는 바와 같이 $f(x)=x$인 점이 반드시 존재한다. 위치를 바꾸고 또 접는 조작을 했음에도 결과적으로는 전혀 움직이지 아니한 점이 적어도 하나가 있다. 이러한 점을 '부동점(不動點)'이라고 부른다. 이것을 수학적으로 표현하면,

A에서 A로 가는 사상(寫像) f가 있을 때, A의 점 x가 f의 부동점이면,

$$f(x)=x$$

이다.

> |정리| 선분 AB 위의 점 x를 같은 선분 AB 위로 옮기는 연속함수 $f(x)$가 있을 때, 반드시 $f(x)=x$가 되는 점 x가 적어도 하나 존재한다.

원판 두 장을 겹치고, 위의 원판을 아래 원판 밖으로 나오지 않도록 회전시키면, 부동점은 원판의 중심이 된다는 것을 쉽게 알 수 있다.

조금 더 복잡한 예가 위의 ❷번 그림이다. 먼저, 양 끝이 A, B인 실을 팽팽하게 당겨서 고정시켜놓는다. 그리고 이것과 똑같은 길이의 실 A′B′를 처음에는 AB 위에 얹었다가, A′B′를 제멋대로 구겨서 팽팽하게 펴놓은 실 AB 밖으로 나오지 않도록 한다. 그러면 이상하게도(?) $f(x)=x$가 되는 점이 적어도 하나는 존재하게 된다.

다음 그림 ❶과 같은 2차함수 $f(x)=2x^2$의 부동점은 $f(x)=x$인 x값이기 때문에, 이 식으로부터 x가 0과 $\frac{1}{2}$인 점이 부동점이 된다.

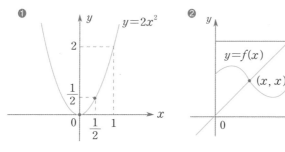

2차함수 $f(x)=2x^2$의 부동점

구간 [0, 1]에서 연속인 함수
(연속곡선)의 부동점

시금까지 이야기한 것은 커피의 소용돌이라든가, 사람 머리의 가마, 그리고 더 고상한 것이라고 해야 연속함수의 부동점 정도로, 실제로는 별 쓸모가 없을 성싶은 것들뿐이었다. 그러나 '부동점 정리'는 자연과학으로부터 사회과학에 이르기까지 여러 가지 방면에 응용되는 아주 쓸모 있는 정리이다.

예를 들면, 경제학에서 쓰이는 기본 개념의 하나로 '균형점(均衡點)'이 있는데, 이 균형점의 존재를 뒷받침하는 것이 바로 부동점 정리

이다. 수학의 아주 중요한 정리인 '중간치(中間値)의 정리'도 부동점 정리의 가장 간단한 예의 하나이며, 미분방정식 해의 '존재 정리' 역시 일종의 부동점 정리이다.

수학의 유명한 정리로 '대수학의 기본정리'라는 것이 있는데 이것은, n차방정식에는 n개의 해가 존재한다는 것을 보증하는 정리이다. 그러나 실제로는 어떤 방정식에 대해서도 그 해를 구하는 방법을 말해주지 않는다.

부동점 정리도 역시 그렇다. 부동점은 존재해도 그 점의 위치에 관한 계산 방법은 간단하지 않다.

그러나 축소사상(縮小寫像), 즉 자꾸자꾸 작아지는 사상(변형)에서는 어떤 점 x를 이 사상 f에 의해서 차례차례 옮겨나간 극한이 부동점이 된다.

그러니까 x, $x_1=f(x)$, $x_2=f(x_1)$, $x_3=f(x_2)$, …의 극한인 $\lim x_n$이 부동점이 되는 것이다.

큰 사진 위에 그것을 축소한 사진을 놓으면 반드시 겹쳐지는 대응점이 생기지만, 그 점은 이 원리에 의해서 찾아낼 수 있다.

카타스트로피 이론

수학에서 중요시하는 것 중의 하나는 변화하는 곳 — 이것을 '특이점(特異點)'이라고 한다 — 을 조사하는 일이다. 예를 들면 고등학교에서 배운 미분학에서는, 함수 $y=f(x)$의 그래프를 그릴 때 극대값(極大値)과 극소값(極小値)을 무엇보다 중요시하였다. 이는 이러한 점이 $f(x)$의 도함수(導函數) $f'(x)$의 부호가 바뀌는 점이기 때문이다.

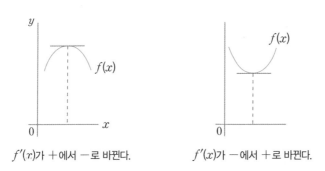

$f'(r)$가 +에서 —로 바뀐다.　　　　$f'(x)$가 —에서 +로 바뀐다.

165쪽에서 이야기한 단층사진의 그림 B는 사실은 다음(그림 ❶)과 같은 표시만 있으면 충분하다. 여기서 '특'이라고 표시된 곳이 특이점이다. 요컨대, 특이점과 특이점 사이의 부분 한 군데를 표시하면 곡면의 형태를 대체로 파악할 수 있다.

이 방법을 써서 다음(그림 ❷)의 단층사진은 어떻게 만들어지는지 생각해보자. 먼저 특이점이 몇 개인지 알아보면, 그것은 2개이다.

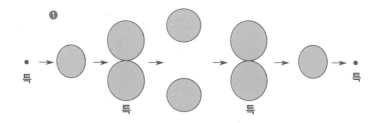

이들 특이점 사이에서는 크기나 모양 등 다소의 차이를 무시한다면, 거의 같은 형태의 절단면이 계속 나타난다.

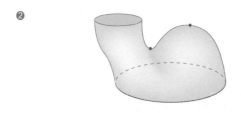

따라서 다음과 같이 특이점의 절단 부분과 두 특이점 사이의 어느 한 절단면(＝단층)을 나타내 보이면 된다.

이 특이점 연구의 하나로 '파국(破局) 이론', 또는 '카타스트로피 (catastrophe) 이론'이라고 불리는 수학 분야가 있다. 이 이론은 프랑

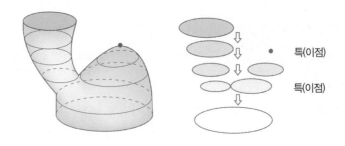

스의 톰 교수와 영국의 지만 교수가 창안해낸 것이다.

그 한 예로, 지만 교수는 개의 심리와 행동에 관해서 다음과 같이 분석했다. 가령 개의 행동이 '분노'와 '공포'의 두 인자에 의해 결정된다고 하자. 이때, 개의 심리 상태를 평면상의 점으로 나타낼 수 있다. 이 평면을 '원인 공간'이라고 이름짓자.

다음 그림에 있는 원인 공간상의 점 A에서는 '분노'도 '공포'도 약하지만, B에서는 '공포'가 강하고, C에서는 '분노'가 강하게 나타나 있다. 이 평면 위에 '카스프 곡면'이라고 불리는 다음과 같은 곡면을 그려놓는다.

이 그림에서는, 세로축에 개가 취하는 행동을 눈금으로 표시했다. 예를 들어 개가 A의 심리상태일 때, A 위의 곡면상의 점 A′가 그때의 개의 행동을 나타낸다. 그리고 개의 심리상태가 B일 때에는, B 위의 B′의 높이가 나타내고 있는 바와 같이 '도망가다'라는 행동을

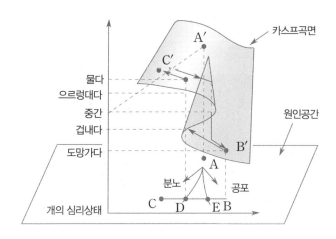

취한다. 또, C이면 '물다'라는 행동으로 나타난다.

　개를 내몰면, 처음에는 공포심이 강하기 때문에 꼬리를 내리고 도망갈 기회를 노리지만, 그러다가 자꾸 몰아붙이면 오히려 덤벼들게 된다. 이것은 개의 심리상태가 B에서 C로 연속적으로 변화하다가 D점에 이르렀을 때, 이것에 대응하는 곡면상의 점에서 '점프'가 일어나기 때문이다. 그러나 역으로 C에서 B로 변화할 때, 즉 심리상태가 '분노'에서 '공포'로 변화할 때에는 D가 아니라 E에서 점프가 일어난다('으르렁대다'에서 '도망가다'로). 이 상황은 실제 개의 행동과 비슷하다. 이러한 복잡한 불연속을 '카스프형 특이점'을 갖는 곡면으로 설명할 수 있다는 것이 카타스트로피 이론의 큰 장점인 것이다.

　지만은 이 수법을 써서 국방 문제에서부터 심지어는 남녀의 애정

문제까지 여러 가지 보기를 들어서 설명하고 있다. 카타스트로피 이론을 사회학 방면에 응용하는 것은 흥미가 있기는 하지만, 아직 충분한 것이 못되고, 현재로서는 이 이론은 주로 자연과학 분야에서 힘을 발휘하고 있다.

독일인들의 꼼꼼한 성격을 빈정대는 말로 "벼룩의 간을 10년이나 연구하는 사람"이라는 표현이 있다. 아무짝에도 쓸모가 없을 벼룩의 간을 그것도 아무런 보상도 바랄 수 없는데도 온갖 정열을 쏟는 그들의 심정은 알다가도 모른다는 이야기이다. 그런 외곬의 연구를 하기 때문에 독일인들은 누구보다도 ― 대통령보다도 ― 교수를 존경한다. 문호 괴테가 쓴《파우스트》의 주인공 파우스트는 우주의 진리를 찾아내기 위해서 자신의 영혼까지도 악마 메피스토펠레스에게 넘겨줄 만큼 진리에 대한 철저한 탐구열을 가졌다.

TIP | 카타스트로피 이론의 창시자 르네 톰(Rene Thom 1923~2002, 프랑스)의 버릇

톰이 수학 이론을 세워가는 데에는 아주 독특한 점이 있다. 예를 들면, 연구실에서는 하루종일 방안을 천천히 왔다갔다 한다. 그리고 새로운 이론에 관해서 처음으로 강연할 때에는, 전이가 분명치 않은 것은 물론, 그가 말하려고 하는 내용조차도 확실치 않기 때문에 강의를 듣는 사람이 몇 번이고 질문해노 김언지(톰) 자신이 도무지 명확한 답변을 하지 못한다. 그래서 같은 정의를 6, 7번 되풀이해야 하는 일조차 있었다. 마지막에는 그 자신이 짜증을 내고,
"내가 지금까지 이야기한 것 가운데서 잘못된 점이 있지 않았습니까?"
하고 되묻는 일도 있었다고 한다.
그런데 그 이론이 몇 년 후 완성되었을 때, 그것에 관한 최초의 강연이 비록 불완전한 것이기는 하지만 '그 밖에는 더 이상 표현할 길이 없는' 것이었다는 것을 알게 된다. 이러한 톰의 자세 속에, 그가 수학의 '엄밀성'이라든지 '명확성'에 대해서 품고 있는 생각을 짐작할 수 있어서, 새삼 수학이란 무엇인가를 곰곰이 생각하게 만들어준다.

그러한 긍지 때문인지 독일의 교수는 세계의 대학교수 중에서 가장 목에 힘을 준다고 한다.

어린이 장난치고도 시시한(?) '뫼비우스의 띠'라든지 '매듭놀이', 그리고 사람의 머리에 있는 가마는 왜 생겼는가라든지, 겁을 먹은 개가 왜 무는가, … 등의 하찮은 일들에 관한 연구(최신의 수학!)를 해서 "도대체 죽이 나오나, 밥이 나오나" 하고 짜증 섞인 푸념을 하는 사람도 있을 것이다. 하긴 이런 연구가 다른 분야에서 아주 긴요하게 쓰이게 되는 경우가 있지만(그러나 당장이 아니라, 먼 훗날인 경우가 태반이다), 수학자 자신은 그런 것에 아랑곳하지 않는다. 옛날 강태공은 곧은 낚시로 고기 대신에 임금을 낚았다는 일화가 있지만, 이건 도무지 그런 가망조차도, 아니 생각조차도 없다. …… 그러나, 최고

TIP 교도소 죄수들의 소란을 파악하는 데도 카타스트로피 이론이 효과적!

카타스트로피 이론의 응용에 힘쓴 사람으로 유명한 지만 교수는, 1976년에 영국 교도소에서 근무하는 심리학자와 협력하여, 수감자들의 소란의 원인이 되는 인자(因子)들을 분석했다.

이 조사에 의하면, 교도소 내의 소란 사태는 '소외'와 '긴장'의 두 척도로 예언할 수 있다. 예를 들면, '소외'의 정도가 높은 상태에서 '긴장'이 높아지면, 갑자기 집단적인 소란이 시작된다는 것이다. 반대로 긴장도가 높은 소란 상태에서도 '소외'의 정도를 낮추면 소란은 말끔히 가라앉고, 죄수들은 질서정연한 공통적인 행동을 취할 것이 예상된다.

이처럼 카타스트로피 이론이 교도소 내의 인간 관리에까지도 이용된다는 사실이 밝혀지고, 다음에는 사회에 있어서의 시민운동의 방향에 대한 응용도 쉽게 짐작할 수 있다. 그리고 나중에는 이 이론이 정부를 무너뜨리고 혁명을 성취하는 운동에도…. 이렇게 생각하면 카타스트로피 이론은 원자탄 이상으로 무서운 무기가 될지도 모른다는 두려운 생각이 머릿속에 스치는 것은 어쩔 수 없다.

의 학문인 수학이란 이러한 싱거운 일에 정열을 불태우는 것 그 자체에 더할 나위 없는 가치가 있다고 하니 어쩌랴.

"진리가 너를 자유케 하리라!"(요한복음 8장 2절)

4
기하학과
증명

수학자는 무엇이든 뻔하다고 해서 그냥 보아 넘기는 일은 결코 하지 않는다. 이치를 따져서, 누구나가 고개를 끄덕이는 방법으로 증명되지 않으면, 아무리 명백한 사실인 것처럼 보인다고 하더라도 그것만으로는 만족하지 않는다.

증명의 정신
설득과 대화의 기술, 증명

중학교에서 기하학을 배우면서, '증명'이라는 것에 짜증을 느낀 사람이 적지 않았을 것이다. 그러다가도, 이런 일에 왜 증명 같은 것이 필요한가라든지, 이것에 증명이 필요하다면 저것에도 증명이 필요한 게 아닌가 하는 등의 생각에 머리가 어지럽기도 했을 것이다. 고등학교에서 미적분학(微積分學)을 처음 배울 때, 극한값(極限値)과 연속성(連續性)부터 시작한다. 예를 들어보자.

$$\lim_{x \to a}(x-a)^n = 0$$

x가 a에 한없이 가까워질 때, $(x-a)^n$은 궁극적으로 0에 도달한다.

이 정도라면 그런대로 이해가 되지만, 더 수학적으로 따져 이른바 '$\varepsilon - \delta$ 용법(입실론 – 델타 용법)' 즉, "임의의 양수 ε에 대해서 적당한 수 δ를 정하고…" 하는 따위의, 그야말로 평지에 괜히 풍파를 일으키는, 뭐가 뭔지 알아듣기 힘든 (연속)극한의 정의가 등장하면, 대부분의 학생들은 입맛이 싹 가셔버린다. 이 때문에 수학을 적대시하기까지 한다.

그러나 까다로운 수학의 증명에 짜증을 느끼는 것은 이에 앞서 의문이 제기되어 있지 않았기 때문이다.

"왜 이 두 각은 합동인가?"

"서로 맞꼭지각이기 때문이다."

"맞꼭지각끼리는 왜 합동인가?"

"그것은 …이라는 이유 때문이다."

"그렇군."

증명이란 상대방의 의문에 대해서 이치 있게 설득하는 대화 정신의 산물이다. 플라톤이 철학을 가르쳤던 아카데미아의 입구에 '기하학을 모르는 자는 들어서지 말지어다!'라는 현판을 내건 이유는, 의문 제기와 설득술이라는 '증명의 정신'을 터득하지 않은 자는 철학을 배울 자격이 없다는 뜻이었다.

수학에 대한 세 가지 시각
"그것이 무슨 소용인가?"라는 태도

수학이나 과학의 발달은, 너무도 뻔한 사실인 것처럼 보이는 일에도 따져 묻는 것을 게을리하지 않았던 선각자들의 노력 덕분이다.

사과가 나무에서 떨어진다는 뻔한 이치를 의심하지 않았던들, 뉴턴의 만유인력 법칙은 태어나지 않았을 것이고, 태양이 동쪽에서 솟아오르고 서쪽으로 지는 것을 하늘이 움직인 결과로 그렇게 되는 뻔한 이치로 보아 넘겼더라면 코페르니쿠스의 지동설은 영영 빛을 보지 못하고 말았을 것이다.

수학은 과학 중에서도 유독 이 '뻔한 이치'를 캐묻는 학문이다. 수학자에 비하면 물리학자나 화학자 등 다른 과학자들의 경우는, 경험을 앞세워 뻔한 이치를 그 이상 따져들지 않을 때가 있다.

그러나 수학자는 무엇이든 뻔하다고 해서 그냥 보아 넘기는 일은 결코 하지 않는다. 이치를 따져서, 누구나가 고개를 끄덕이는 방법으로 증명되지 않으면, 아무리 명백한 사실인 것처럼 보인다고 하더라도 그것만으로는 만족하지 않는다.

예를 들어, 다음 그림과 같은 사다리꼴($\overline{AB}=\overline{DC}$)은 누구의 눈에

도 좌우 대칭꼴이기 때문에, 대각선
의 길이가 같다는 것은 너무도 뻔한
이치로 생각하기 쉽다.

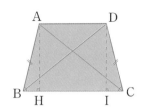

　그러나 수학에서는 그 이유를 증명
해야 한다. 이 문제에서는, $\overline{AD}$와 $\overline{BC}$
가 평행이고 $\overline{AB}$와 $\overline{DC}$의 길이가 같다는 사실밖에 알려져 있지 않
다. 그림을 보고 각자 증명해보도록 하자.

　바꿔 말하면, 뻔한 이치 앞에서 그냥 멈추어 서느냐, 계속 따져 들
어가느냐에 따라 수학을 할 수 있고 없고가 판가름난다고 말할 수
있다.

　수학에서 뻔한 일이란 손가락에 꼽을 정도밖에 없다. 눈에 보이는
것, 이미 알고 있다고 생각되는 것을 의심하는 일이 수학적인 생각
의 출발점이라 할 수 있다.

　그러나 이렇게 말하기는 쉽지만, 실제로는 여간 어려운 일이 아니
다. 앞에서 이야기했던 대수학자 뉴턴 같은 사람조차, 유클리드가 지
은 기하학 책을 처음 읽었을 때, 너무도 뻔한 이치만을 적어놓아서
재미가 없다고 그 책을 팽개쳤을 정도였으니까.

　나중에 그가 수학을 몰랐었기 때문에 저지른 이 경솔한 행동을 두
고두고 후회했다는 이야기는 유명하다.

　따지고 보면 뻔한 이치라는 핀잔 속에는 "그런 게 무슨 소용이 있
는가?!"라는 일종의 실용주의적인 입장에서의 반발이 강하게 풍기
고 있다. 유클리드에게서 기하학의 강의를 받다 말고 "그것(기하학)
이 무슨 도움이 됩니까?"라고 불쑥 제자가 의문을 제기한 것도, 비생

산적인 뻔한 이치를 가지고 지루하도록(?) 설명하는 스승의 태도에 역정을 낸 탓이었다.

"우주가 둥글다는 것을 알았다고 해서 인류의 복지에 얼마나 도움이 되었을까?"

라는 의문은 그런대로 호소력을 갖는다. 실제로 우주가 둥글거나 네모이거나, 인류의 물질 문명의 발달에는 하등의 영향을 미치지 않았을 것이 분명하다. 그럼에도 불구하고, 과학 분야의 교양서 중에서 천문학이 가장 인기가 높은 것은 사람들의 관심이 조금 전의 유클리

드의 제자와 같이 현실적인 문제에만 쏠리고 있는 것이 아님을 단적으로 말해준다.

20세기 최고의 수학자의 한 사람으로 꼽히는 푸앵카레(Poincaré)는 "무엇 때문에 수학을 연구하는가?"라는 질문을 받고 다음과 같이 대답했다.

"그것은 수학이 아름답기 때문이다. 우리는 수학이 지닌 질서와 조화의 미에 이끌려서 더욱 새로운 아름다움을 찾아내려고 노력하고 있다."

지금까지 완성된 수학의 많은 이론이 그것을 배우는 사람들에게 내보인 내면의 미는 많은 예술 작품의 아름다움에 못지않다. 지금의 수학자들도 거의가 이러한 수학의 매력(마력?)에 이끌려서 이 여신을 섬기게 된 것이 틀림없다.

한편, 실용주의를 내세우는 사람들은 이렇게도 반박할 수 있을 것이다.

"결과가 아무리 보기 사납고, 번거롭다 하더라도 그것이 어떤 효용을 지닌다면 연구해야 옳지 않는가?"

또, 어떤 수학자는 이렇게 주장할 것이다.

"그것이 어떤 쓰임새가 있든 말든, 아름답든 말든, 미해결의 문제는 그 진위를 따지지 않을 수 없다."

학문의 목적은 흔히 진(眞), 선(善), 미(美)를 추구하는 데에 있다고 한다. "왜 수학을 연구하는가?"라는 물음에 대해서도 마찬가지로 세 가지 입장이 있을 수 있다. 그러니 그중의 한 가지만을 고집한다는 것은 수학의 발전을 위해서도 지극히 위험스러운 일이다.

그리스인의 기하학
유클리드의 《원론》에 나타난 분석과 종합

구텐베르크(Gutenberg, 1398~1468)가 유럽 최초의 활자 인쇄기를 발명한 것은 15세기 중엽의 일이었다(1455). 이 인쇄기에 의해 최초로 만들어진 것은 성서였지만, 그보다 30년쯤 뒤에 유클리드의 《(기하학)원론》이 이탈리아에서 인쇄되어 나왔다. 그 이후 히브리의 종교를 대표하는 성경과 그리스의 과학을 대표하는 《원론》이 유럽 독서계의 최장기 베스트셀러 자리를 지켜왔다. 그러니까 이 두 서적이 유럽 문화를 지탱하는 주춧돌 구실을 맡아온 것이다.

그런데 왜 하필이면 한낱 수학 교과서가 유럽 문화에 그처럼 엄청난 영향을 끼친 것일까? 이 의문은 당연히 일어날 만하다. 실제로 《원론》은 기하학의 책이라는 점에서는 수백 개(465개)의 정리를 모아 실은 수학 교과서에 지나지 않는다.

게다가 다른 책 같으면, 처음에 이 책의 내용에 관한 소개말을 실은 서문 같은 것이 으레 있는 법인데, 그런 것은 아예 생략하고, 첫머리부터

(1) 점이란 부분을 갖지 않고, 또 크기도 없는 것이다.

(2) 선은 폭을 갖지 않고, 길이만을 갖는다.

……

는 따위의 맛도 멋도 없는 설명(정의)부터 시작하고 있다.

이 무뚝뚝한 수학책의 의미는 그 속에 무엇이 쓰여 있는가 하는 점이 아니라, 그것들이 어떻게 쓰여 있는가에 있다.

우리가 도형을 대할 때 직선이나, 원, 정사각형 등은 금방 알아볼 수 있지만, 크기도 모양도 가지고 있지 않은 점에 대해서 주목하는 사람은 거의 없다. 그래서 보통의 수학책이면, 우리의 눈에 먼저 띄는 직선이나 원부터 설명을 시작하는 것이 당연한 순서일 것이다. 그런데 유클리드는 무슨 심술인지(?) '점'에서부터 시작하고 있다. 그러나 바로 이 괴벽스러운 방법 속에 《원론》이 그토록 오래 생명을 지탱해 온 비밀이 간직되어 있다.

가령 임의의 오각형을 생각해보자. 이 도형은 우선 몇 개의 삼각형으로 나눌 수 있다. 그 이상 더 분해할 필요가 있다면 직선(선분), 각, 점 등으로 나누어 생각할 수 있다. 바꿔 말하면 점이나, 직선, 각

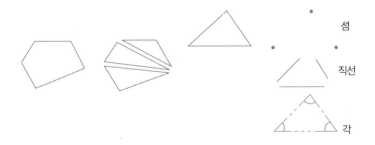

직선(선분), 각, 점

데모크리토스 | 모든 물질이 더 이상 작게 나눌 수 없는 원자로 이루어졌다고 주장했다.

등은 도형을 구성하는 '원자'의 구실을 하고 있다.

이처럼 원자의 상태로부터 출발하여 차례로 복잡한 도형을 이루어 나가는 것이 유클리드의 수학(기하학) 연구법이다. 그것은 벽돌 하나하나를 쌓아서 큰 건물을 짓는 건축가와 같은 태도이다. 다만 유클리드는 벽돌이나, 목재, 철강 대신에 점, 직선, 각 등을 사용했었다는 점이 다를 뿐이다.

물질을 계속하여 분할해가면, 마침내는 더 이상 분할할 수 없는 마지만 단위에 부딪히게 된다. 이것을 그리스의 철학자들이 '원자'라고 일컬었던 것이다. 데모크리토스(Demokritos, B.C. 460?~B.C. 370?)에 의해 대표되는 이 '원자론'은, 근대 과학에서처럼 실험에 의한 것이 아니라, 명상과 토론을 통해서 얻은 결과이지만, 분할의 중요성을 최초로 깨달았다는 점에서 그 공은 아무리 높이 평가해도 지나치지 않을 것이다. 요컨대, 오늘의 물리학에서 말하는 원자나, 소립자, 그리고 화학에서의 원소, 생물학에서의 세포 등 가장 단순한 요소로 분할한다는 사상이 이 《원론》의 기본 정신을 이루고 있다.

그러나 분해하는 것만이 있다면, 세계는 두서없는 원자의 집합에 지나지 않는 것이 되고 만다. 화학자의 일은 화합물을 원소로 분해하는 것에 끝나지 않고, 더 나아가서 그것들을 합성함으로써 새로운 화합물을 만들어내는 데에 있다. 그것은 단순한 원상복구가 아니라,

전에 없었던 새로운 화합물을 구성하는 일이다. 이처럼 복잡한 구조를 지닌 복합적인 대상을 마지막 단위로까지 분해한 후, 그것들을 다시 엮어서 지금까지 없었던 새로운 복합물을 만들어낸 결과 나일론이나 비닐 등의 화학 물질이 태어났다.

유클리드의《원론》은 그 후 오늘에 이르기까지 2천 수백 년 동안, 줄곧 수학뿐만 아닌 널리 학문의 방법, 더 나아가서 온갖 지식 체계를 엮는 모범이 된 '분석'과 '종합'의 정신을 철저하게 구현한 인간 정신의 위대한 금자탑이다.

다음의 조건 중 하나가 성립하면 삼각형은 서로 합동이 된다는 것을 여러분은 잘 알 것이다.

　① 세 변의 길이가 같다.

　② 두 변과 그 끼인각이 같다.

　③ 한 변과 그 양 끝각이 같다.

　　위의 ①, ②, ③의 어느 것을 보아도 변의 길이나 각의 크기 등의 양이 세 개씩 들어 있다. 하기야 실제로는 삼각형을 정하는데 변이라든가 각에 대해서만 따질 필요는 없다. 예를 들면 다음의 조건도 서로 합동이 된다.

　④ 한 변과 한 각, 그리고 넓이가 같은 삼각형

　　그러면 위에서 이야기한 네 가지의 삼각형의 합동 조건이 성립하는 까닭을 알아보자.

한 변을 밑변으로 삼을 때 넓이는 높이를 알면 정해지지만 한 변과 넓이가 같다는 것만으로는 아래 그림과 같이 반드시 합동은 되지 않는다. 그러나 한 각이 정해지면 합동이 된다.

3개의 양이라 해도 '세 각이 같다' 는 조건만으로는 삼각형은 합동이 될 수 없다. 예를 들면 정삼각형의 내각 은 각각 60°이지만 큰 정삼각형도 작은 정삼각형도 있다.

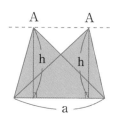

'세 각이 같다'라는 것이 합동 조건 이 될 수 없는 이유는 삼각형의 내각의 합이 언제나 180°라는 사실 때문이다. 즉, 두 각이 정해지면 나머지 한 각은 저절로 정해지므로 세 각이 같다는 것은 요컨대 두 각이 같다는 뜻이 되고 3개의 양이 아니라 2개의 양만을 가리키고 있다.

바꿔 말하면, 이 세 각은 서로 각각 독립해 있는 것이 아니고 두 각이 정해지면 나머지 각도 저절로 정해지도록 서로 연관이 있다. 그것은 거듭 말해서 삼각형의 세 내각의 합이 180°라는 중요한 사실 때문이다.

그러나 앞에서의 합동 조건 ①, ②, ③, ④에 포함된 세 개의 변이라 든지 각이라고 하는 양은 서로 연관이 없고 각각 독립되어 있다. 그 렇기 때문에 삼각형은 3개의 양으로써 정해진다고 말할 수 있다.

나팔꽃 줄기의 길이
수학은 주어진 문제를 '추상화'하는 일

　　요즘은 초등학생들조차도 컴퓨터를 만질 줄 알아야 하는 세상이다. 그런데 컴퓨터는 그냥 가지고 노는 값비싼 장난감은 결코 아니다. 컴퓨터를 잘 다루기 위해서는 그만큼 창의력과 사고력을 많이 필요로 한다. 반면에 기억력이라든지 계산력은 그다지 필요로 하지 않는다. 컴퓨터의 쓰임새는 '어떻게 정보를 적절히 처리할 것인가'에 있으므로, 무엇보다도 인간의 사고력이 중요한 역할을 한다. 컴퓨터 회사가 수학을 공부한 사람을 많이 채용하는 이유는 이 사람들이 창의력·사고력의 훈련을 많이 쌓기 때문이다.

　　수학에서 가장 중요한 역할을 하는 것은 주어진 문제의 '추상화(抽象化)', 즉 문제의 요점을 찾아내는 일이다. 컴퓨터를 다룰 때에도 그 절차가

주어진 문제의 추상화(요점 파악)

처리 방법의 결정

자료 입력

과 같이 되어 있어서, 수학적인 사고와 아주 비슷한 부분이 있다.

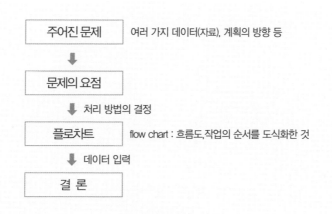

컴퓨터의 처리 방법

이처럼 컴퓨터를 잘 다룰 줄 안다는 것과, 수학을 잘 다룬다는 것, 수학 감각이 뛰어나다는 것은 아주 밀접한 관계가 있다. 즉, 수학 감각이 뛰어나면 그만큼 컴퓨터도 잘 다룰 줄 안다는 이야기이다.

자신의 수학 감각이 어느 정도인가를 스스로 가늠해보기 위해 다음 문제를 풀어보자. 문제를 푸는 열쇠가 '추상화'(문제의 요점 파악=불필요한 것을 버리는 것)하는 일에 있다는 것을 잊지 않도록.

Q 수면과 30°의 각도로 위로 뻗어가는 두 송이의 나팔꽃이 다음 그림과 같은 원뿔을 각각 감고 올라간다고 할 때, 어느 쪽이 얼마만큼이나 더 길까?

답 | 불필요한 부분을 잘라내서 생각하면 이 문제는, "수평면과 30°의 각을

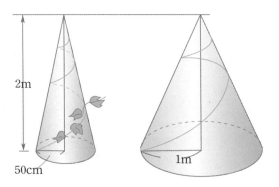

이루면서 2m의 높이에 이르기 위해서는 몇 m가 필요한가?"로 고쳐 생각할 수 있다.

이렇게 문제를 '추상화'할 수 있으면, 답은 너무도 싱거울 정도로 쉽다. 다음 그림을 보면, 금방 알 수 있듯이, 우리가 구하는 것은 직각삼각형의 빗변의 길이다. 이 그림은 정삼각형을 반으로 잘라낸 것이기 때문에 답은, 4m이다.

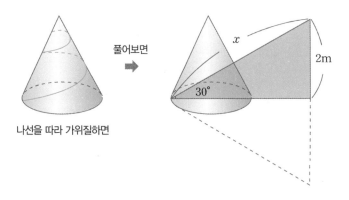

나선을 따라 가위질하면

풀어보면

결국 어느 쪽의 원뿔에서도 나팔꽃 줄기의 길이는 같다. 여기서는 두 원뿔의 밑면을 비교할 필요도 없으며, 또 사실은 원뿔이어야 할 필요조차도 없다. 이것을 진작 꿰뚫어 보았다면 수학 감각이 꽤 뛰어난 사람이다.

거듭 말하지만, 수학 감각을 기르는 첫걸음은 '추상화', 즉 문제가 주어졌을 때 무엇이 필요하고 무엇을 무시해도 좋은가를 얼른 알아내는 힘을 기르는 데에 있다.

피타고라스 정리의 증명

경험적으로 아는 것과 증명을 통해서 아는 것

지금부터 여러 해 전 미국에서는 공상 소설 '화성인, 지구를 습격하다'와 같은 것이 많은 사람들의 호기심을 자극했었다. 아직 그때만해도 과학이 그리 발달하지 않고 있을 무렵이었다. 마침 그 무렵 화성이 지구 가까이에 접근하여 망원경으로 잘 관찰되었는데 화성의 표면에 있는 줄무늬가 보였다. 사람들은 그것이 화성에 있는 운하일 것이라고 성급하게 판단했다. 그래서 중학생들에서부터 전문적인 과학자들까지 별의별 공상을 다 꾸며낸 것이다. 이런 분위기 속에서 진짜 화성인이 지구를 정복한다고 생각하는 사람이 많이 나타났다.

그 무렵의 공상 소설에는 화성인의 모습이라 하여 머리만 크고 몸통이 가는, 말하자면 문어같이 생긴 것이 그려져 있었다. 화성인은 너무나 머리만 쓰기에 몸은 퇴화해버렸다는 단서가 붙어 있었다. 그러자 어떤 과학자는 지구인이 문명인임을 그들에게 알리면 함부로 사람을 살상하지 않을 것이라 생각해서 직각삼각형에 관한 피타고라스의 정리를 나타내는 도형을 브라질 원시림의 나무를 잘라 만들고, 화성인이 지구를 습격하기 전에 알 수 있도록 하자는 의견을 냈다.

그런데 왜 하필이면 직각삼각형에 관한 지식으로 문명인이라는 사실 여부를 판단한다고 생각한 것일까?

모든 천체에는 인력이 있어서 그 표면에 있는 것들은 반드시 중심을 향하는 인력의 영향을 받는다. 지구도 마찬가지이다. 문명국이면 반드시 큰 건물을 지어야 하고, 그것을 짓기 위해서는 기둥을 세워야 하는데, 기둥은 땅에 대하여 직각으로 세우는 것이므로 반드시 직각의 상태를 알아내기 위한 지식이 필요하다. 그러므로 화성인이 큰 운하를 만들 만큼 발달된 과학 문명을 가졌다면 어김없이 직각삼각형에 관한 지식을 가졌음이 분명하다고 짐작했던 것이다.

그리스의 우표 중에 그림과 같은 도안이 있다. 이 우표는 미술적으로 가치가 있다기보다도 피타고라스의 정리를 상징하고 있다는 점에서 흥미를 끈다.

이 그림은 피타고라스 정리 중의 $5^2=4^2+3^2$이라는 특별한 경우를 초등학생들도 이해할 수 있도록 디자인한 것이다.

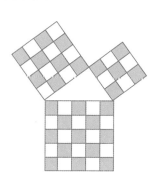

세 변의 길이의 비가 5:4:3인 삼각형은 직각삼각형이 된다는 사실은 피타고라스보나 훨씬 잎시 이집트 사람들도 알고 있었으며 실제로 그들은 직각을 작도하는 데 이 이치를 이용하였다.

피타고라스 정리의 구체적인 보기를 들면 5, 4, 3이라는 값 이외에도

$$13^2=12^2+5^2, \qquad 17^2=15^2+8^2$$

$$29^2 = 21^2 + 20^2, \quad 41^2 = 40^2 + 9^2,$$
$$61^2 = 60^2 + 11^2, \quad 85^2 = 84^2 + 13^2,$$
$$113^2 = 112^2 + 15^2, \quad \cdots\cdots$$

처럼 직각삼각형을 만들 수 있는 세 변의 길이의 비는 현재 여러 가지가 알려져 있다.

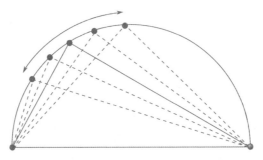

직각삼각형을 만드는 세 변의 길이의 비는 무한히 많다!

그러나 이러한 예를 아무리 많이 들어도 모두가 구체적인 보기에 지나지 않으며 피타고라스 정리의 증명이 될 수는 없다.

증명이라는 것은, 피타고라스 정리를 예로 든다면, 직각삼각형의 세 변의 길이가 어떤 값일 때에도 그 값에 상관없이 반드시

$$빗변^2 = 높이^2 + 밑변^2$$

이 된다는 이유를 분명히 밝혀야 한다.

이러한 증명을 할 수 있게 되어야만 비로소 '정리'라고 부를 수 있는 것이다. 몇 가지 보기만을 늘어놓는 것은 그럴 것 같다는 추측에 지나지 않는다.

여러분이 학교에서 배운 피타고라스의 정리는 본래 유클리드의 《원론》속에 실렸던 것인데 유클리드가 이처럼 까다로운 절차를 수고스럽게(?) 밟아야 했던 것은 누구나 납득시켜야 한다는 증명의 성질상 어쩔 수 없는 일이었다.

피타고라스 정리의 증명에 관해서는 유클리드의 방법 말고도 현재 약 100가지 쯤이 알려져 있다. 어떤 한 가지 방법으로 증명되었다고 해서 그냥 넘기지 않고 같은 정리의 증명을 여러 각도에서 시도하는 태도는 본받을 만하다.

우리나라에서도 신라 시대에 이미 직각삼각형에 관한 지식이 있었다. 특히 천문 관측이나 토지 측량을 할 때는 중요한 지식으로서 널리 사용되었다. 신라시대 천문대 관리가 사용한 천문학 교과서 《주비산경》에는 다음과 같은 그림이 실려 있다.

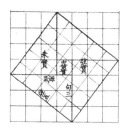

도대체 이 그림은 무슨 뜻일까? 신라 사람들은 그리스 사람들처럼 증명법을 설명하지는 않았으나 자세히 살펴보면 그 내용은 정확한 직각삼각형의 지식이다. 즉 3, 4를 높이와 밑변, 5를 빗변이라 할 때 $3^2+4^2=5^2$임을 나타내고 있는 것이다.

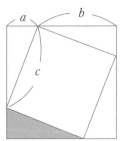

다음 그림처럼 한 변의 길이가 $(a+b)$인 정사각형이 있고 그 안에 변의 길이가 c인 정사각형이 있다. 이때 큰 사각형의 넓이는

$$(a+b)^2=a^2+2ab+b^2$$

이다. 그런데 빗금친 삼각형의 넓이는 $\frac{1}{2}ab$이므로 삼각형 4개의 몫은,

$$4 \times \left(\frac{1}{2}ab\right) = 2ab$$

가 된다. 따라서 작은 정사각형의 넓이는 c^2이므로 다음과 같다.

$$(a+b)^2 - 2ab = c^2$$
$$a^2 + b^2 + 2ab - 2ab = c^2$$
$$\therefore a^2 + b^2 = c^2$$

본래, 중국인은 수학책에 그림을 싣는 것을 금기(禁忌)로 삼을 만큼 꺼려했다. 그런데도 피타고라스 정리에 관한 이 그림만은 내놓았다는 것은 그들이 이 지식을 얼마나 큰 자랑으로 여겼는지 보여주는 대목이다. 비록, 증명을 글로 나타내지는 않았지만 – 중국의 수학에는 '증명'이라는 것이 없었으니 알아도 쓸 수가 없었다 – 이 그림을 그린 사람은 직각삼각형의 성질(피타고라스의 정리)에 대해서 확실한 지식을 가지고 있었음이 틀림이 없다. 동서양을 막론하고 예부터 직각삼각형의 지식은 그것만으로 대단한 자랑이었는데. 하물며 이것을 확고한 지식으로 가졌다는 것은 얼마나 큰 자부심을 안겨주었는지 짐작하고도 남음이 있다. 그래서 '피타고라스 정리!'인 것이다.

증명의 방법
도형의 성질을 논리적으로 설명하기

수학을 크게 둘로 나누어보면, 수나 식의 계산이나 방정식을 풀고 함수를 취급하는 대수학이 있고, 도형에 대하여 공부하는 기하학이 있다. 교과서에서 배우고 있는 도형의 성질, 도형의 닮음, 도형의 변환은 모두 기하라고 할 수 있다.

우리는 초등학교 때부터 도형에 대하여 용어의 정의나 기본적인 성질에 대한 공부를 해왔다. 그리고 중학교 때부터는 도형의 성질을 논리적으로 증명하는 문제를 많이 취급하였다. 그러나 대수는 쉽고 잘하는데, 기하의 증명 문제는 힘들고 잘 모르게 되어버린 쓰라린 기억을 가진 사람들이 적지 않다. 특히 기하의 증명 문제라면 처음부터 손을 들고 마는 경우가 많았다.

다음 문제에서 삼각형의 성질 중의 하나인 삼각형의 두 변의 길이가 같으면 두 각의 크기도 같음을 증명하면서 쉽게 증명할 수 있는 방법을 알아보자.

(1) 먼저 주어진 문제에 알맞은 그림을 그리고 꼭
    지점에 A, B, C의 기호를 붙인다.

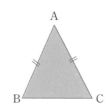

이때 정삼각형이나 직각삼각형의 모양이 아닌

이등변삼각형을 그리는 것이 좋다.

(2) 다음에는 문제를 기호로 나타내어본다. 즉,

△ABC에서

$\overline{AB}=\overline{AC}$이면

∠ABC= ∠ACB이다.

이때, $\overline{AB}=\overline{AC}$가 가정이고, ∠ABC = ∠ACB가 결론이다.

(3) 다음에는 이 문제와 관련이 있는, 지금까지 배운 여러 가지 정리나
    성질을 생각하고 그 증명 방법까지도 상기한다. 그리고 꼭 필요하다
    고 생각되는 것은 적어놓아도 좋다. 여기서 이미 알고 있는 정리로는

    • 맞꼭지각의 크기가 같다.

    • 평행선의 성질(엇각, 동위각)

    • 삼각형의 합동 조건

    들이 있다. 이 중에서 특히 삼각형의 합동 조건 세 가지를 정리해본다.

(4) 증명하기 위해 필요한 보조선을 긋고 기호를
    붙인다.

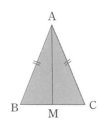

이 문제에서 밑각의 크기가 같음을 말하기 위

해 삼각형의 합동 조건을 이용하므로 $\overline{BC}$의 중

점 M과 점 A를 연결하는 보조선을 긋는다.

(5) 다음에는 가정과 이미 알고 있는 성질을 바탕으로 결론으로

이끌어가는 증명을 하게 된다. 처음에는 그림을 가지고 여러 가지

타당한 이유를 따져서 증명의 실마리를 찾도록 한다.

△ABM과 △ACM에서 알고 있는 사실을 적어보면,

$\overline{AB}=\overline{AC}$, $\overline{BM}=\overline{CM}$

$\overline{AM}$은 공통이므로, 이것은 바로 삼각형의 합동 조건을 만족한다.

따라서

△ABM≡△ACM이고, 이 결과에서 대응각의 크기가 같으므로

∠ABM=∠ACM이 되는 것이 증명된다.

(6) 위의 사실을 정리하여 조리 있게 씀으로써 증명이 완성된다.

|증명| △ABC에서 $\overline{BC}$의 중점을 M이라 하고, $\overline{AM}$을 연결하면,

△ABM과 △ACM에서

$$\overline{AB}=\overline{AC} \text{ (가정)}$$

$$\overline{BM}=\overline{CM}$$

$$\overline{AM}\text{은 공통}$$

$$\therefore \ \triangle ABM \equiv \triangle ACM$$

$$\therefore \ \angle ABM = \angle ACM$$

(7) 그리고 또 다른 증명 방법이 있는지를 알아본다.

이 문제는 꼭지각 ∠A의 이등분선이 $\overline{BC}$와 만나는 점을 L이라 하여

증명할 수도 있다.

(8) 증명이 완전히 끝난 다음에, 그 증명을 외워서 쓸 수 있도록 연습하여

두는 것이 중요하다. 그렇게 함으로써 다른 문제에 대해서도 증명 방법

의 요령을 유용하게 이용할 수가 있는 것이다.

'인간은 생각하는 갈대'임을 간파했던《팡세》의 저자 파스칼은 과연 어릴 적부터 천재였던가 보다. 초등학교에 입학하기도 전에 이미 어린 파스칼은, 삼각형의 내각의 합은 180°라는 것을 증명할 줄 알았다고 한다.

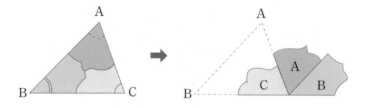

삼각형의 내각의 합은 180°이다! 알고 보면 너무도 당연하게 생각되는 이 사실도 실은

직선 l 밖의 한 점 P를 지나고 l과 평행한 직선은 한 개밖에 없다.

라는 조건으로부터 나온 결과이다.

이 약속이 있기 때문에, 이미 배운 바와 같이 엇각(그림에서 ∠a와

∠b)의 크기가 서로 같아지는 것이다.

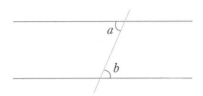

따라서 삼각형의 내각의 합이 $180°$라는 것을 다음과 같이 나타낼 수 있다.

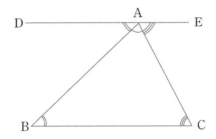

삼각형 ABC의 꼭지점 A를 지나서, 변 BC에 평행인 직선 DE를 그으면, 평행선의 엇각의 성질에 의하여

$$∠B = ∠DAB, \quad ∠C = ∠EAC$$

그러므로,

$$∠A + ∠B + ∠C$$
$$= ∠BAC + ∠BAD + ∠CAE$$
$$= ∠DAE$$
$$= 180°$$

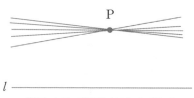

P를 지나는 평행선이 무수히 많을 때

　그러나 만일 점 P를 지나고 l과 평행한 직선을 얼마든지 그을 수 있다면 사정은 달라진다. 즉, 이때는 삼각형의 내각의 합은 $180°$보다 작아진다.

　또, 반대로 P를 지나고 l과 평행한 직선이 하나도 없다면, 삼각형의 내각의 합은 $180°$보다 커진다.

　"뭐 그런 게 있어?"

라고 말하는 사람이 있을지 모르나, 그렇게 생각해서 안 될 것은 없다. 이러한 기하학을 '비유클리드 기하학'이라고 부른다는 것은 이미 앞에서 이야기하였다. 바꿔 말해서, '평행선은 하나'라는 것은 하나의 약속이기 때문이다.

　즉, '삼각형의 내각의 합은 $180°$'가 진리(정리)인 것이 아니라

　　　한 직선 밖의 한 점을 지나고, 이 직선에 평행인 직선이

　　　오직 한 개 존재할 때, 삼각형의 내각의 합은 $180°$이다.

라는 명제가 진리인 것이며, 마찬가지로

　　　한 직선 밖의 한 점을 지나고, 이 직선에 평행인 직선이

　　　무수히 존재하면, 삼각형의 내각의 합은 $180°$보다 작다.

도 진리인 것이다.

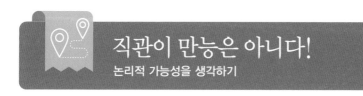

직관이 만능은 아니다!
논리적 가능성을 생각하기

접선을 갖지 않는 곡선 불가능할 것 같지만 논리적으로는 가능한 일

곡선상의 점 P에서 접선의 기울기는 그 함수의 미분계수(微分係數)가 된다. 이것은 미분학의 가장 기본적인 개념이다.

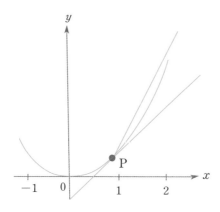

그런데 어느 곳에서도 접선이 생기지 않는 곡선이 있다면, 그야말로 미분학의 기초를 뒤흔드는 대사건이 아닌가! 이러한 곡선이 존재한다는 것은 순간마다 다른 속도로 움직이는 점을 생각할 수 있다는

것과 같은 뜻이므로 지금까지 직관적으로 확실하다고 믿어온 것과 명백히 모순된다.

그런데 이러한 곡선이 실제로 존재한다.

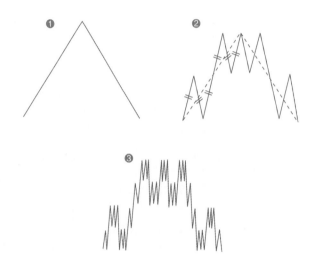

이 곡선을 그리기 위해서 먼저 위의 그림 ❶처럼 한 번만 상승·하강하는 단순한 도형부터 시작해보자. 다음에는 그림 ❷처럼이 도형을 꺾은선으로 상승선을 6개의 같은 길이의 부분으로 나눈다. 하강선도 마찬가지로 꺾은선으로 6개 부분으로 나눈다.

이 12개의 같은 길이의 선분으로 된 도형의 각 부분(선분)을 다시 꺾은선으로 6개의 같은 길이의 선분으로 나누면, 그림 ❸처럼 72개의 선분으로 된 도형이 생긴다. 이 절차를 계속할수록 더욱더 복잡한 도형이 되어간다.

이와 같은 규칙에 따라 이루어지는 기하학적 도형은 어떤 점에서도 일정한 기울기를 갖지 않는, 즉 접선을 갖지 않는 곡선에 한없이 접근한다는 것을 증명할 수 있다.

그런데 중요한 것은 이 곡선의 성질은 직관으로는 도저히 파악할 수 없다는 사실이다. 실제로 꺾은선을 거듭거듭 엮은 절차를 통해서 이루어진 도형은 직관이 따라갈 수 없을 만큼 복잡하기 이를 데 없는 도형이다. 논리적인 분석만이 이 괴상한 도형을 끝까지 추적할 수 있다.

철학자 칸트(I. Kant, 1724~1804)가 기하학을 포함해서 수학을 직관(순수직관)의 학문이라고 선언한 이래, 이 위대한 철학자의 권위를 믿고 모두가 그의 이러한 견해를 따랐었다. 그러나 수학이 발전함에 따라서 '직관' 자체가 논쟁의 대상이 되고, 마침내는 수학에서 직관이 완전히 추방되고 말았다. 이 '접선이 없는 곡선'은 칸트의 권위를 뒤엎은 기하학에서의 예로 자주 인용된다.

그렇다고 직관은 이제 수학에서는 쓸모없다는 이야기는 결코 아니다. 직관은 여전히 아주 중요한 구실을 한다는 것은 당연하지만, 항상 '증명'이라는 보증인이 따라야 한다는 것이다.

면적과 길이는 같다!? 가능할 것 같지만 논리적으로는 불가능한 일

'곡선'이라는 개념은 직관적으로 명백히 알 수 있다고 누구나 생각한다. 실제로 옛날부터 사람들은, "곡선은 점의 운동에 의해서 이루어지는 기하학적 도형이다"라는 정의를 줄곧 믿어왔다.

그런데 이탈리아의 수학자 페아노(G. Peano, 1858~1932)는 움직이는 점에 의해서 만들어지는 기하학 도형 중에는 모든 평면상의 영역(평면도형의 내부)까지도 들어 있음을 증명하고 말았다. 이것은 어떤 점이 유한의 시간 내에, 예를 들어 정사각형 내부의 모든 점을 통과할 수 있다는 것을 뜻한다. 정사각형의 전면적을 한낱 곡선으로 간주하다니?! 일찍이 아무도 상상조차 하지 못했던 것이다.

그렇다고 하더라도, 실제로 공간을 메우는 운동이 가능한지 여전히 의심하는 사람을 위해서, 이 곡선이 어떤 것인지 대강이나마 설명해보겠다.

다음 그림처럼 하나의 정사각형을 크기가 같은 4개의 작은 정사각형으로 분할하고, 각 정사각형의 중심을 꺾은선으로 된 연속적인 선으로 이어본다(C_1). 그리고 이 꺾은선을 일정시간 내에 등속운동하는 점을 생각해보자.

다음에 또 각 정사각형을 4개의 정사각형으로 분할하여, 16개의 정사각형을 만들고 그 중심을 잇는다(C_2). 그리고 여기서도 같은 시

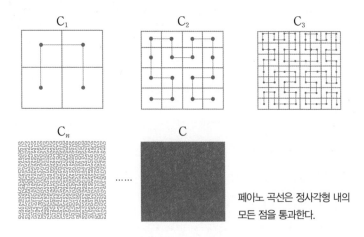

페아노 곡선은 정사각형 내의
모든 점을 통과한다.

간에 이 꺾은 선을 등속도로 통과하는 점을 생각한다…. 이렇게 계속하면, 마침내 정사각형 내의 모든 점을 통과하는 곡선에 한없이 접근하게 된다. 페아노는 이것을 이론적으로 엄밀하게 증명하였다.

그렇다면, "면적은 길이와 같다"는 말이 되는데 사실일까?

이 곡선 ―'페아노의 곡선'― 이 마침내 면적을 나타내게 된다는 것은 의심의 여지가 없는 것처럼 보이지만, 따지고 보면 이는 너무 성급한 짐작이다.

앞의 증명은 정사각형을 한없이 작은 정사각형으로 쪼개어가면, 끝내는 정사각형의 면을 가득 메우는 점이 되고, 결국 정사각형의 면적은 이들 점을 잇는 꺾은 선과 같아진다는 것을 말해주고 있다.

그러나 정사각형의 면을 점으로 채울 수 있는 것일까?

정사각형을 아무리 작은 정사각형으로 쪼갠다 해도, 그 작업은 그치지 않는다. 이것을 바꿔 말하면, 정사각형을 아무리 쪼개 보아도 한이 없기 때문에 점으로는 메워지지 않는다는 이야기가 된다.

이 '한없이'를 마치 언젠가 끝이 나는 일처럼 생각했다는 점에 문제가 있는 것이다.

너무나 명백한 명제
공리에 대한 이야기

너무 멀리 있는 것도 안 보이지만, 너무 가까이 있는 것도 잘 안 보인다. 마찬가지로 너무 어려운 명제뿐만 아니라 반대로 너무나 명백할 정도로 쉽게 보이는 명제일수록 증명이 까다롭다. 증명할 때에는, 무엇으로부터 무엇을 이끌어내야 할지, '출발점(가정)'과 '목표(결론)'를 분명히 해야 한다. 그러나 '너무도 명백한 명제'(='자명한 명제')는 출발점과 결론이 거의 같아서 이 둘을 구별하기가 힘들다. 예를 들어 보자.

❶ 정해진 두 점을 지나는 직선을 그을 수 있다.

❷ 선분은 오른쪽과 왼쪽의 두 방향으로 얼마든지(무한히) 연장할 수 있다.

❸ 정해진 중심과 반지름으로 원을 그릴 수 있다.

❹ 직각은 모두 합동이다.

❺ 직선 밖에 있는 한 점을 지나고 이 직선에 평행인 직선은 꼭 한 개를 그을 수 있다.

이처럼 너무도 명백한 명제는, 증명을 하지 않고(사실은 증명을 못

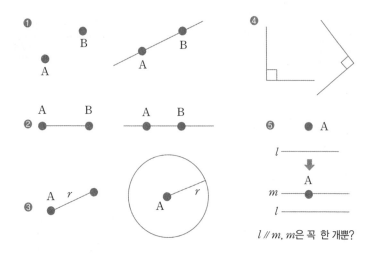

$l /\!/ m$, m은 꼭 한 개뿐?

하기 때문에) 여기에서부터 시작하는 출발점의 명제로 삼는다. 이러한 '출발의 명제'를 '공리(公理)'라고 부른다. 앞의 5개의 공리는 유클리드가 그의 기하학의 출발점으로 삼았던 명제들이다.

'정의'와 '증명', 그리고 이 '공리' 사이의 관계를 건축에 비유해서 말한다면, 건축 재료인 나무나 철근, 시멘트 등이 '정의'이고, 이들 재료를 이어붙이는 접착제라든지 못 등이 '공리', 그리고 이것들을 써서 건축물을 세우는 작업이 곧 '증명'인 것이다.

요컨대 혼란을 막기 위해 사용하는 용어의 뜻을 한정시키는 것이 바로 '정의'의 역할이며, 이러한 용어 사이의 관계를 명백히 나타내는 것이 '공리', 그리고 이것들 즉 정의와 공리를 바탕으로 새로운 명제(정리)를 이끄는 작업이 '증명'이다. 그러므로 증명과 공리는 같은 옷감의 겉과 안의 관계라고나 할까.

증명이라는 것을 처음 시작한 사람은 그리스의 일곱 현인(賢人) 중

에서도 첫 손가락으로 꼽히는 탈레스(Thales, B.C. 640?~B.C. 546?)였다고 한다. 그는,

> 맞꼭지각은 서로 같다.
>
> 이등변삼각형의 두 밑각은 서로 같다.
>
> 원은 지름에 의하여 2등분된다.

등의 명제가 성립하는 이유를 이치 있게 밝힘으로써 처음으로 증명다운 증명을 하였다.

그리스보다 훨씬 앞서서 문명의 꽃을 피웠던 이집트나 메소포타미아에서는, 진작부터 이러한 사실을 알고 있었을 뿐만 아니라, 실제로 이 지식을 건축이나 토목공사 등에 활용하고 있었다. 그렇지만 그들은 왜 그렇게 말할 수 있는지에 대해서는 깊이 따지지 않았다.

몇 번이고 거듭 강조하는 말이지만, 아무리 뻔한 명제일지라도 그냥 넘기지 않고, 그렇게 되는 이유를 꼬치꼬치 따진 끝에, 절대로 확실하다는 증거(＝증명)를 제시해야만 정리로 인정한 것은, 수학의 역사상 가장 빛나는 그리스인의 공로이다. 이렇게 함으로써 비로소 수학이 수학다운 모양새를 갖추게 되었기 때문이다. 이러한 이유에서 탈레스를 '수학의 아버지'로 일컫는 것은 너무도 당연하다.

그러나 출발점의 명제를 정하고 이것들을 바탕으로 다른 모든 명제를 증명하는 '공리로부터의 증명'을 처음 시작한 사람은 유클리드였다고 해야 옳다.

유클리드는 앞에서 이야기한 5개의 명제를 '누구나가 인정하는 명제', 즉 '공준(公準)'으로 삼았다. 이 공준은 현재의 공리에 해당한다.

그 후, '비유클리드 기하학'이라는 것이 만들어져서 공리가 '누구나 인정하는 명제'라는 주장이 무너져버렸다.

비유클리드 기하학이 만들어지게 된 발단은 유클리드의 5개 명제 중의 마지막 것(이것을 '제5공준'이라고 흔히 부르고 있다)에 있었다.

이 명제는 앞의 4개와는 달리 출발의 명제가 아니라, 또다른 명제로부터 증명되는 정리가 아닌가 하는 의문이 일었다. 이러한 의구심 때문에 이 공준을 놓고 여러 가지로 연구한 끝에, 이것을 다음과 같은 명제로 바꾸어도 여전히 기하학이 성립한다는 엉뚱한 결론에 도달하였다.

- ❺′ 직선 밖의 한 점을 지나서 이 직선에 평행인 직선을 얼마든지 많이 그을 수 있다.(보여이, 로바체프스키)
- ❺″ 직선 밖의 한 점을 지나서 이 직선에 평행인 직선은 하나도 그을 수 없다.(리만)

다른 공리는 그대로 둔 채, 이 제5공준만을 ❺′, 또는 ❺″로 바꾼 기하학을 통틀어 비유클리드 기하학이라 부른다는 것은 이미 앞에서 이야기하였다.

유클리드 기하학이든 비유클리드 기하학이든 공리로부터 출발하여 증명이라는 작업을 거쳐 차곡차곡 정리를 쌓아간다는 점에서는 똑같다. 이 방법을 '논증적 방법'이라 하고, 이러한 방법으로 엮어진 수학을 '논증 수학'이라든가 '공리주의 수학'이라고 부른다. 지금의 수학은 모두 이 논증 수학(또는 공리주의 수학)이다.

유클리드의 논증적 방법을 더 다듬은 사람은, '인간은 생각하는 갈대'라는 말로 유명한 17세기의 철학자이자 수학자인 파스칼이다. 그가 대화로 상대방을 설득하는 방법으로 내건 다음의 8가지 '규칙' 이 바로 그것이다.

첫째, 정의에 관한 규칙

❶ 이보다 더 확실한 것이 없을 만큼 명백한 낱말에 대해서는 정의를 하지 말 것.

❷ 조금이라도 분명치 않거나 애매한 데가 있는 낱말에 대해서는 반드시 정의를 내릴 것.

❸ 낱말을 정의할 때에는 완전히 이해할 수 있는 말이나 이미 설명된 말만을 사용할 것.

둘째, 공리에 관한 규칙

❶ 필요한 원리는 아무리 명백하게 느껴진다 해도 그것이 진짜로 믿을 만한지 어떤지, 빠짐없이 검토할 것.

❷ 그 자체가 완전히 명백한 것들만을 공리로 세울 것.

셋째, 논증에 관한 규칙

❶ 그것을 증명하기 위해서 더 명백한 것을 찾아보아도 없을 만큼 그 자체가 명백한 명제는 증명하려 하지 말 것.

❷ 조금이라도 분명하지 않은 데가 있는 주장은 빠짐없이 증명할 것, 그리고 이러한 명제를 증명할 때에는 너무도 명백한 공리라든가 이미 인정된 주장, 또는 증명이 끝난 주장만을 사용할 것.

❸ 정의된 낱말을 명확히 파악하기 위해서, 마음속에서 늘 정의된 낱말 대신에 정의 그 자체를 놓고 생각할 것.

이 파스칼의 '논증의 정신'은 유클리드에 비해 훨씬 다듬어져 있으며, 그만큼 지금의 수학에 가깝다.

공리는 가설이다 ^{공리의 의미 변화}

유클리드의《원론》에서는 '점'이란 '부분이 없는 것'이며, '선'이란 '폭이 없는 길이'라고 정의되어 있다. 유클리드의 정신을 바탕으로 엮어진 지금의 중학교 교과서에도 점이나 선을 이런 뜻으로 다루고 있다.

그래서 여러분들도 '점'이라고 하면, 잘 깎고 다듬은 연필의 날카로운 심지의 끝을, 그리고 '선'이라고 하면 자를 대고 그은 곧은 선을 금방 머리에 떠올리게 마련이다.

그런데 20세기 최대의 수학자로 일컬어지는 힐버트(D. Hilbert, 1862~1943)는 언젠가 이렇게 말한 적이 있다.

"'점', '직선', '평면'이라는 말을 '테이블', '의자', '맥주잔'으로 바꾸어 써도 된다. 중요한 것은 이들 사이의 관계이다. 그리고 그 상호관계를 정하는 것이 공리이다."

그는 실제로《기하학 기초론》이라는 책 속에서 이 주장을 실천에 옮겼다. 여기에서는 점이나, 직선, 평면 등에 대한 정의는 전혀 보이

지 않고(무정의 용어(無定義用語)), 이것들 사이의 관계를 '기하학의 공리'에 의해서 나타내고 있을 뿐이다.

그러니까 점이다, 직선이다 해도 이름뿐으로 그 밖의 특별한 의미를 덧붙이지 않는다. 그리고 그들 사이는, 가설에 지나지 않은 공리에 의해서만 관계되도록 한다. 이것만을 바탕으로 하여 순전히 논리적으로 수학 이론을 전개하는 방법을 '공리적 방법(公理的方法)'이라고 한다. 그리고 수학 이론을 공리적 방법에 의해서 전개하는 입장이 소위 '공리주의(公理主義)'이다.

힐버트는 공리란《원론》에서처럼 자명한 진리를 뜻한다든지 우리의 경험을 표현한다는 따위의 성격을 지니는 것이 아니고, 단순히 기본 개념 사이의 관계를 정하는 가설에 지나지 않는다고 보았다. 따라서 '점', '직선', '평면'이라고 할 때, 그것은 반드시 우리가 직관적으로 느끼는 점이나 직선, 평면을 뜻하는 것이 아니고, 주어진 공리를 만족시키기만 하면 무엇이라도 상관없다는 것이다. 요컨대 힐버트의 말은 "점, 직선, 평면 대신에 테이블, 의자, 컵 등을 사용해도 기하학을 할 수 있다"라는 뜻이었음을 다시 되새겨보자.

> 수학은 대상의 내용을 연구하는 학문은 아니다.
> 연구하는 것은 대상 사이의 관계이다.

이렇게 말한 사람은, 힐버트 못지않게 현대 수학의 건설에 크게 공헌했던 푸앵카레다. 그러니 이 두 사람이 수학에 관해서는, 혹 장난이라도 빈말을 할 리가 없다.

이것은 공리의 의미가 근래, 특히 19세기 이래 크게 변하게 된 결과이다. 거듭 말하지만, 이제 '정의'는 한낱 약속으로 바뀌었고, '공리'는 새로운 명제(정리)를 찾기 위한 '가설(假說)'로 탈바꿈한 것이다. 이러한 성격을 지닌 현대의 수학을 '공리주의 수학(公理主義數學)'이라고 부르기도 한다.

이 공리주의 입장에서는, 앞에서 이야기한 벡터도 '점'이라고 부른다. 여기서 먼저 '점'이라고 하는 대상의 집합을 생각한다. 이 대상이 구체적으로 무엇인가에 대해서 따질 필요는 없지만, 벡터를 '점'으로 생각하고, '점의 집합'으로서 벡터 전체를 머리에 떠올리면 된다. 데카르트식으로는, '3개의 벡터를 적당히 취하면, 어떤 벡터도 이 3개의 벡터로 나타낼 수 있다'라는 것이었다. 이것은 곧 '공간이 3차원이라는 것'을 뜻하는 말이기도 하다.

그러나 그 증명은 엄격히 따지면, 완전한 것이 못된다. 왜냐하면, 거기서는 '적당히 3개의 벡터를 취하면'이라는 말로, 벡터가 3개인 것을 기정사실로 - 즉, 공리적으로 - 간주하고 있기 때문이다. 바꿔 말하면, '적당히 3개의'라는 말 대신에 '적당히 n개의'를 쓰면 'n차원의 공간'이 만들어지는 것이다. 하기야 데카르트가 생각한 차원이 자연 세계에 대한 직관을 바탕으로 한 것이었음에 비해, 공리주의의 입장에서의 차원은 자연 세계와는 상관이 없는 인공적인 차원이기는 하다. 이 n차원의 공간을

$$E^n$$

으로 나타내기도 한다. 그러면 E^n의 정체 즉, 모델은 무엇일까? 말할 것도 없이, 데카르트가 사용한 좌표를 '3개의 실수의 조'로부터

'n개의 실수의 조'로 확장한 것이다.

데카르트식으로는, 3차원 공간이란 3개의 실수의 조(x_1, x_2, x_3)로 이루어진 집합이다. 똑같은 발상에서 n개의 실수의 조

$$(x_1, x_2, \cdots, x_n)$$

을 '점'이라 부르고, 이들 '점' 사이의 연산을

$$(x_1, \cdots, x_n) + (y_1, \cdots, y_n) = (x_1 + y_1, \cdots, x_n + y_n)$$
$$a(x_1, \cdots, x_n) = (ax_1, \cdots, ax_n)$$

과 같이 정하면 된다.

여기서 $n = 3$일 때가 데카르트식 3차원 공간이며 앞에서 설명한 벡터와 일치한다. 그러니까 이 n차원 공간

$$E^n = \{(x_1, \cdots, x_n) \mid x_1, \cdots, x_n \text{은 실수}\}$$

은 특수한 경우로 보통 의미의 1차원, 2차원, 3차원 공간도 포함하고 있다.

이처럼 공리주의는 단순히 수학을 형식화하는 것이 아니라, '특수를 포함하는 일반'이라는 강점을 두고 있다.

수학은 추상적인 세계에 관한 학문이다. 이 점에서는 다른 어떤 학문도 뒤따를 수 없다. 특히 현대의 수학은 그 경향 즉, '추상'이 두드러진다. 이러한 추상적인 수학이 도대체 우리의 생활과 어떤 연관이 있다는 것일까? 있는 정도가 아니라, 아주 밀접한 관계가 있다. 그렇지 않고서야, 유치원부터 대학까지 자나깨나 결사적으로(?) 수

학을 공부시킬 이유는 없지 않은가.

아무리 우둔한 사람일지라도 몇 년 만에 만난 친구를 금방 알아본다. 그것은, 지금 만난 사람의 키, 얼굴 모양, 말투, 옷차림, 피부색, … 등과 10년 전 그 친구의 그것과의 공통점을 종합한 끝에 '같은 사람이구나'하고 새삼 인정하는 것이 아니라, 이미 그 친구에 대한 이미지가 머리에 박혀 있어서 보는 순간 몇 년 만에 만난 친구라도 대번에 알아보는 것이다. 즉, 이미 내 머릿속에 그 친구에 대한 개념이 만들어져 있어서, 지금 보거나 듣는 감각이 그 개념과 대응하기 때문인 것이다.

무릇 인간에게는 '개념의 체계'라는 것이 있어서, 우리의 문화, 행동, … 온갖 면에서 이 개념의 체계가 기본적인 역할을 하고 있다. 뛰어난 음악이나 회화는, 그것이 아니면 도저히 전달할 수 없는 고도의 아이디어(=미)를 직접 감각에 호소하며 전해준다.

이런 뜻으로 예술은 개념을 고도로 구체화한 것이라고 할 수가 있다. 바꿔 말하면, 예술은 그것 없이는 전할 수 없는 심오한 아이디어를 손에 잡힐 듯 생생하게 전달해주는 세계 공통의 언어라고 할 수가 있다.

수학의 아름다운 정리도 마찬가지이다. 그 정리를 이해하는 것은, 그 사람으로 하여금 새로운 세계를 이해하게 만들고, 더 정확히 말해 새로운 세계를 볼 수 있다는 기쁨을 안겨준다. 이 기쁨은 더 나가서 드넓은 바깥 세계와의 유대를 느끼게 해준다. 수학은, 무엇보다도 개념에 관한 학문이다. 따라서, 수학은 인간 문화의 온갖 면, 또 인간의 온갖 행동과 밀접한 연관이 있다.

5
동양의 수학과
서양의 수학

'동양의 수학'이니 '서양의 수학'이니 해도 동양과 서양의
수학 지식 내용이 서로 다르다는 이야기는 아니다. 예를
들어, 1+2를 한쪽에서는 3, 다른 한쪽에서는 4로 쓴다는
뜻은 아니고, 한쪽에서 계산 중심의 수학, 그것도 구체적인
숫자를 써서 근사 계산을 주로 다룬 '대수적 방법'을
일삼았다면, 다른 한쪽에서는 구체적인 숫자를 배격하고,
추상적인 도형의 세계를 논리적으로 규명하는 '기하학적
방법'을 지킨 방법적인 차이, 그리고 이러한 시각의 차를
낳은 서로 대립적인 사고에 주목하여 하는 말이다.

고대 중국의 수학
동양의 《원론》, 《구장산술》

고대 중국의 문화가 세계 4대 대하문명(大河文明)의 하나로서 극히 고도의 것이었음은 잘 알려진 사실이지만, 수학 지식도 그 예외는 아니었다. 실제로, 이미 전설시대부터 시작되는 황하의 치수(治水)라

중국대륙의 북변, 몽고 지역과의 사이에 축조된 성벽. 동부 산해관에서 서부 가유관에 이르며 총 연장이 5000km에 이른다는 이 성벽은 중국과 중국 사람을 그대로 보여주는 상징물이다.

든가 기원전 천수백 년 전에 있었던 은(殷) 왕조의 유적인 궁전터라든지 왕릉, 만리장성 등의 대규모 토목 공사, 그리고 천문학에 관한 많은 성과를 생각하면, 이미 아주 오랜 옛날에 상당히 수준 높은 수학 지식이 쓰이고 있었음을 충분히 짐작할 수 있다.

고대 중국의 수학책으로 가장 대표적인 것은 《구장산술(九章算術)》이다. 《구장산술》은 전한(前漢, B.C. 206~A.D. 8)시대부터 차츰 엮어졌

으며 이것이 일단 완성을 본 것은 후한(後漢, 25~220)의 중기 내지는 말기쯤의 일로 알려져 있다.

《구장산술》은 흔히 '동양의 유클리드'로 불리는데, 그것은 서양 수학의 고전이 유클리드의 《원론》이었던 것처럼 《구장산술》이 동양 수학의 모체 구실을 했다는 뜻이다. 이 사실 이외에도 여러 시대에 걸쳐 여러 사람의 손에 의해 엮어졌다는 점에서도 이 두 문명권의 수학 고전은 공통점을 지니고 있다.

《구장산술》은 이 책이 모두 아홉 개의 장으로 이루어져 있어 붙은 제목으로 각 장의 제목과 내용은 다음과 같다.

1장 〈방전(方田)〉: 농지(田)의 면적 계산

2장 〈속미(粟米)〉, 3장 〈쇠분(衰分)〉: 물건의 매매나 조세부과 등과 관련한 비례산

4장 〈소광(少廣)〉: 직사각형이나 입방체의 한 변(제곱근, 세제곱근)을 구하는 이른바 개평(開平), 개립(開立)의 계산

5장 〈상공(商功)〉: 제방이나 운하의 건설 등과 관련하여 작업량이나 부피를 셈하는 계산

6장 〈균수(均輸)〉: 2장, 3장과 같은 물건의 매매와 조세부과에 대한 계산

7장 〈영부족(盈不足)〉: 물건의 분배와 관련한 정수론에 관한 문제

8장 〈방정(方程)〉: 연립 1차방정식

9장 〈구고(句股)〉: 피타고라스 정리와 그 응용이며, 간단한 2차방정식의 해법

《구장산술》의 체계는 전체를 통해서 문제가 모두 구체적인 형태로 주어지고 있으며, 문제의 수준은 꽤 높지만 물음과 답, 그리고 계산방법이 적혀 있을 뿐 그에 대한 설명이나 증명은 없다. 이 점은 그 후의 중국 수학뿐만 아니라 그 영향 아래 있었던 한국 수학에서도 마지막까지 지켜진 특징이다.

그 반면에 방정(方程), 개평(開平), 개립(開立) 등을 비롯하여 정부(正負=' + - '), 분모(分母), 분자(分子), 약분(約分), 통분(通分) 등의 용어가 이미 쓰이고 있다.

《구장산술》의 목차를 보면 한눈에 알 수 있듯이, 본래 동양(중국, 한국)의 수학은 회계, 재정 등을 맡는 하급 행정관리나 천문 관측을 담당하는 기술관리(技術官吏)의 것이었으며, 민중 사이에서 가꾸어진 것은 아니었다. 그러니까, 통치 수단의 하나였던 이 수학은 문자 그대로 정치 수학이었던 셈이다. 그러니, 실용적인 면이 강조될 수밖에 없었다. 그 결과, 설명이니 증명이니 하는 이론적인 면이 무시된 것은 어쩔 수 없었으며, 이 점에서 귀족적이라 할 정도로 여유 있는 생활을 만끽할 수 있었던 그리스 시민들 사이에서 태어난 이론 수학과 본질적으로 달라질 수밖에 없었다.

이러한 제한은 있었지만, 수학의 성격상 실용을 떠난 순수 수학이 나타난 것은 당연하며, 실제로 이런 면에서 중국 수학의 세계 수학에 공헌한 바도 적지 않다.

동양의 기하학 이야기
농지 측량의 허실

중국이나 한국은 얼마 전까지도 농업 국가였다. 나라의 재정이 전적으로 농업 생산에 의지할 수밖에 없는 형편이었으므로, 역대 정부는 무엇보다도 농사에 지대한 관심을 쏟았다. 더 정확히 말하면, 징수할 세금의 원천인 농산물의 생산량을 다른 무엇보다 중요시하였다. 이와 관련해서 엄정한 과세가 중요했다. 공정한 과세를 위해서는 농지 측량이 정확해야 한다. 당연한 이야기지만, 재정·회계를 맡는 관리를 상대로 엮어진 중국 최초의 수학책 《구장산술》에도 이 계산 문제가 실려 있다.

본문 내용

여기서는 전답의 계역(界域, 한계와 영역)을 다룬다. 지금, 여기에 '방전'(직사각형의 농토)이 있다. 가로가 15보(步, 길이의 단위, 1보는 약 5자), 세로가 16보이다. 이 농토의 면적은 얼마인가?   답 : 1무(畝, 240보²)

또, 여기에 방전이 있다. 가로가 12보, 세로가 14보이다. 이 농토의 면적은 얼마인가?   답 : 168보

《구장산술》의 첫 장인 '방전(方田)'에는 여러 가지 형태의 논밭의 넓이를 계산하는 방법이 소개되어 있는데, 실용적인 쓰임새를 중요시하기 때문에 계산 방법은 여러분이 교과서에서 배운 것과는 상당히 다른 점이 있다. 그렇다고 이 계산 방법을 유치하다거나 잘못되었다고 얕잡아 보아서는 안 된다. 이러한 차이는 저자가 계산이 서툴러서가 아니라 현장에서의 실용적인 어림셈의 방법을 알려주기 위해서였다는 것을 염두에 둘 필요가 있다. 자, 그러면 내용을 살펴보자.

• 방전(方田) : 정사각형, 또는 직사각형.

이 넓이 계산은 물론 가로×세로이다.

• 규전(圭田) : 삼각형 또는 직각삼각형, 나중에는 이등변삼각형을 뜻했다.

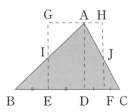

이 계산은 밑변을 반으로 하여 높이에 곱한다. 여기서 밑변을 반으로 한다는 것은 그림과 같이 남는 부분으로 부족한 부분을 채워서 직사각형꼴로 만들기 위해서이다.

• 사전(邪田) : 한 변이 밑변에 수직인 사다리꼴.

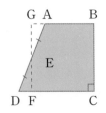

이 계산은 윗변과 밑변을 서로 더

하고 이것을 반으로 한 다음에 높이에 곱한다. 여기서 윗변과 밑변을 더해서 반으로 나눈다는 것은 남는 부분으로 부족한 부분을 채우기 위해서이다.

• 기전(箕田) : 사전을 2개 합친 꼴, 즉 일반적인 사다리꼴.

그 계산은, 기전을 반으로 나누면 2개의 사전이 생기므로, 계산법은 서로 비슷하다. 또, 위아래의 변을 서로 더하여 이것에 높이의 반을 곱해도 된다.

• 원전(圓田) : 원형의 땅.

그 계산은, 원주의 반과 지름의 반을 곱한다. 단, 여기서는 원주율을 3으로 잡고 있다.

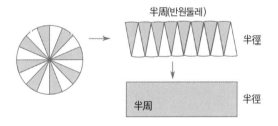

• 완전(宛田) : 언덕 모양의 형태.

그 계산은, 밑바닥의 둘레(下周)에 윗면의 지름(徑)을 곱하여 이것을 4로 나눈다.

왜 이렇게 계산하는지 얼른 짐작이
간 사람은 머리 회전이 대단한 사람이
다. 알고 보면 이유는 간단하다. 즉, 밑
바닥 둘레를 $2\pi r$, 윗면의 지름을 $2r$이
라고 하면,

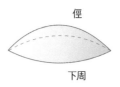

$$2\pi r \times \frac{2r}{4} = \pi r^2$$

그러니까 언덕의 윗면을 평면으로 간주한다는 이야기가 된다. 결
국 원넓이를 구하는 식으로 어림셈을 하고 있는 것이다.

• 호전(弧田) : 활꼴모양의 밭.

그 계산법은, 현(弦)에 시(矢)를 곱하
여 이것에 시를 제곱한 값을 더하여 2
로 나눈다.

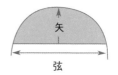

이 계산법은 원주율을 3이라 할 때,
반원인 경우에만 답이 정확하고(왜 그럴까?) 나머지 경우는 모두 근
사값이다.

• 환전(環田) : 두 동심원에 의해 둘
러싸인 꼴로 된 밭.

이 계산법은, 안팎 두 원주의 길이
를 합한 것을 반으로 나누고, 이것에

두 원주 사이의 길이(徑)를 곱한다.(이것은 정확하다.)

《구장산술》에 등장하는 논밭의 형태는 이 정도이지만, 그 후의 수학책에서는, 황소뿔 모양의 '우각전'(牛角田, 사다리꼴의 반(半弧田)으로 잡는다), 두 개의 사다리꼴을 합친 모양의 '고전(鼓田)' 등도 다루고 있다.

그러나 이러한 농지 측량법도 실제로는 학자들의 탁상공론에 지나지 않았던 모양이다. 우리나라의 경우를 예로 들면, 조선조 후기의 실학자 홍대용(洪大容, 1731~1783)이 쓴 《주해수용(籌解需用)》이라는 수학책에 적힌 다음과 같은 글이 이 사실을 잘 말해주고 있다.

> 농지 측량에 쓰이는 농토의 형태는 여러 가지가 있지만, 우리나라에서는 정사각형(방전(方田)) · 직사각형(직전(直田)) · 직각삼각형(구고전(勾股田)) · 이등변삼각형(규전(圭田)) · 사다리꼴(제전(梯田))의 5가지만을 사용한다.

산사(算士)는 비록 중인(中人) 신분의 하급 관리였다고 하지만, 글을 아는 선비들조차도 거의 무지 상태인 수학 지식을 자유자재로 다룰 줄 아는 신기한 재주를 지닌 지식인으로서 존경받는 처지였다. 따라서 농지 측량의 기술이라 하더라도 그것은 어디까지나 책 속에서의 수학 지식에 지나지 않았으며, 실제로는 논밭을 밟는 일조차 없었다. 산사는 중앙관서에 배속된 관리였다는 점에서도, 국가공무원으로서의 자부심이 대단했던 것으로 보인다.

직접 현장에서 측량의 업무에 종사하는 관리는, 이들 산사가 아니

라 전혀 계산 기술이 없는 하찮은 지방 관리인 아전(衙前)이었다. 그러니 주먹구구식 계산도 그렇거니와 지금과 같이 농지 정리가 제대로 되어 있지 않은 땅을, 그것도 새끼줄과 발걸음(보폭)만으로 재는 것이기 때문에 측량이란 말뿐이지 그 내용은 엉망이었다. 이러한 판국이었으니 뇌물의 많고 적음에 따라서 농지의 넓이도 작거나 커졌음에 틀림없다.

실용적인 기술임을 내세워 그 기술을 담당하는 관리까지 양성하면서, 실제로는 이들 관리가 실무를 외면하는 사회 풍토, 이것이 적어도 조선조 500년의 관리용 수학의 허상(虛像)과 실상(實像)이었다.

중국인의 생활수학
'방정식'이라는 낱말의 유래

앞에서 말한 바와 같이 고대 중국의 수학책으로 가장 대표적인 것은 B.C. 2세기쯤에 엮어진 《구장산술》이라는 책이다. 이 수학책은 한국에서도 조선조 말까지 수학의 고전으로 아주 중요시되어왔으므로, 우리로서도 잊을 수 없는 책이다.

이 책의 제8장 '방정(方程)'에서는 지금의 연립 1차방정식을 다루고 있다.

예를 들어, 이 장에 실려 있는 문제를 오늘날의 기호를 써서 나타내면, 다음과 같다.

$$5x+2y=10 \quad \cdots\cdots ❶$$
$$2x+5y=8 \quad \cdots\cdots ❷$$

실제로는 x, y 등의 미지수를 사용하지 않고, 그 계수나 상수항을 산목(算木, 계산용의 막대)을 써서 다음과 같이 나타내었다.

이와 같이 나타내는 것을 '방정'이라고 부른다. 지금의 방정식과는 약간 차이가 있지만, 이것의 풀이 방법은 똑같다. 예를 들면, 위의 식

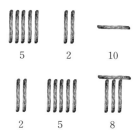

에서 하나의 미지수를 지우고, 나머지 하나의 미지수에 관한 1원 1차 방정식으로 고쳐서 해를 구하는 것이다.

《구장산술》에서는 다음과 같은 방법으로 이 연립방정식을 풀고 있다.

우선 ❷를 5배한다.

$$10x+25y=40 \quad \cdots\cdots ❸$$

y값을 구하기 위해서 ❸의 x의 계수가 0이 될 때까지 계속 ❸에서 ❶을 뺀다. 여기서는 두 번 빼면 된다. 즉,

$$
\begin{array}{r}
10x+25y=40 \\
-)\ \ 5x+\ 2y=10 \\
\hline
5x+23y=30
\end{array}
$$

$$
\begin{array}{r}
5x+23y=30 \\
-)\ \ 5x+\ 2y=10 \\
\hline
21y=20 \quad \cdots\cdots ❹ \\
y=\dfrac{20}{21}
\end{array}
$$

다음에는, ❶과 ❹에서 x값을 구하기 위해서, 먼저 ❶의 양변을 21배,

❹의 양변을 2배하여, y의 계수를 같게 한다.

$$105x + 42y = 210 \quad \cdots\cdots ❺$$

$$42y = 40 \quad \cdots\cdots ❻$$

$$❺ - ❻$$

$$105x = 170 \quad \cdots\cdots ❼$$

$$x = \frac{170}{105} = 1\frac{13}{21}$$

이 계산 과정을 한번에 나타내면 다음과 같다.

	❶	❷	❸		❹		❺	❻	❼
A	5	2	5	10	5	0	105	0	105
B	2	5	2	25	2	21	42	42	0
C	10	8	10	40	10	20	210	40	170

단, A는 x의 계수, B는 y의 계수, C는 상수항이다.

방정식은 보통 유럽 수학의 산물인 줄로만 알고 있는 사람이 많지만, 동양 수학(한국을 포함해서)에도 이처럼 일찍부터 이 방법이 쓰여지고 있다. 게다가 '방정'이라는 용어까지도 말이다.

하기야, 이와 같이 계산막대를 써서 연립방정식을 셈할 때에는, '미지량'을 문자 x, y로 나타낼 필요가 없고, 막대를 배열하는 순서에 의해서 x, y를 구별하면 되기 때문에, 문자 x, y를 써서 미지량을 나타내는 단계에는 이르지 못하고 있는 것은 사실이다. 그러니까 동양의 전통 수학에서 다루었던 미지량의 문제는 '대수의 시작'이라기보다 '시작에 가깝다'라고 해야 옳을 것 같다.

우연의 이론, 확률
중국의 고사(故事)에 나타난 게임의 이론

　전쟁, 국부적인 전투, 경제 경쟁을 비롯하여 도박이나 유희에 이르기까지 승부를 겨루는 당사자들은 누구나 자신들에게 유리한 결과를 얻으려고 애쓰기 마련이다. 이러한 경쟁을 통틀어서 게임(game)이라고 부른다. 게임 중에서도, 주사위 노름이나 카지노 도박장의 룰렛(roulette)의 승부는 그때그때의 운에 좌우되기 때문에 우연성의 게임이지만 포커 놀이의 경우는 사정이 조금 다르다.

　하기야, 어떤 카드를 나누어 받는가는 우연의 일이지만, 그 후의 게임 운영은 어떻게 노름을 거느냐에 따라서 달라지며, 이에 따라 승패도 영향을 받는다. 그래서 이러한 종류의 게임을 '책략의 게임'이라고 부른다.

　우연성의 게임의 이론은 확률론(確率論)이라는 이름으로 잘 알려지고 있다. 이 이론은 이미 17세기에 파스칼 등에 의하여 조직적으로 연구가 시작되었다. 그러나 이른바 책략의 게임 이론에 대한 연구는 겨우 수십 년의 역사밖에 안 된다. 현재 '게임 이론'으로 불리고 있는 것은 이 책략의 게임을 가리킨다.

중국인들은 게임 이론을 '대책론(對策論)'이라고 부르고 있다. 이 대책론의 기원은 중국에서는 아주 먼 옛날의 일이었다.

B.C. 3세기에 끝나는 중국 전국시대 제(齊)나라 국왕의 자제들과 자주 큰 돈을 걸고 경마 도박을 일삼았던 전기(田忌)라는 호족(豪族)이 있었다. 경마 승부를 늘 곁에서 눈여겨보고 있던 전기의 참모 한 사람이, 경마에 출전하는 말에 상·중·하의 등급이 있음을 알아차리고, 어느 날 다음과 같이 건의하였다.

주인의 3등 말과 상대의 1등 말, 주인의 1등 말과 상대의 2등 말, 주인의 2등 말과 상대의 3등 말을 각각 짝지어 경주시키도록 말이다. 그 결과 전기는 2승 1패로 엄청난 돈을 벌었다고 한다.(《사기(史記)》권65)

이 고사는 아마도 세계에서 가장 오래된 게임 이론의 발상일 것이다. 전국시대 말기에 엮어진 것으로 짐작되는 병법에 관한 책《손자(孫子)》를 비롯하여 오늘날 모택동의 《지구전론(持久戰論)》에 이르기까지 중국 사람들의 사고 속에는 전략·전술에 관한 발상이 면면히 흐르고 있다. 이 전통을 사회 건설에 응용하기 위해서 지금 중국에서는 다른 어느 나라보다노 '내책론'의 연구가 활발하다.

중국인과 '운주학(運籌學=O.R.)'운동

보통 O.R.이라고 불리고 있는 '오퍼레이션즈 리서치(operations research)'라는 용어는 세계 2차대전 중에 미국에서 생긴 말이다. 이 방법은 처음에 전쟁 중의 영국에서 쓰여지기 시작했다. 영국에서는 operational research라고 한다.

전시 중 군의 작전 계획과 관련해서 과학자들을 동원하여, 전쟁 수행을 과학적으로 분석하고, 수학적 방법을 써서 군사 행동의 효과를 최대로 올리는 문제를 연구한 것이 오늘날의 O.R.의 시초이다. 전후에도 이 수법은 기업의 여러 계획, 조직, 인사, 기술계획 등 산업면에서 활용되었고, 이제는 그 적용 범위가 사회의 여러 분야에서 이용되는 응용 수학으로 자리를 굳히고 있다.

이 O.R.은 중국에는 일찍부터 보급되었다. 한자의 나라 중국답게 외래어를 반드시 중국식으로 고쳐부르는 그들은 이 낱말을 처음에는 '운용학(運用學)', 그리고 요즘에는 '운주학(運籌學)'이라고 부르고 있다.

중국에서 O.R.이 본격적으로 연구되기 시작한 것은 1958년의 일이며, 식량 수송을 하는 데 철도망을 가장 효율적으로 이용하는 방법을 찾기 위해서였다. 이 문제와 관련해서 처음으로 대규모의 응용이 시도되었다.

O.R. 보급운동의 제1단계에서 쓰인 수법은 이른바 선형계획법(線形計劃法, LP(linear programming))이었다. 선형계획법이란, 주어진 조건 밑에서 최대의 효과를 올리는 - 또는 일정한 효과를 최소의 자원으로 올리는 - 방법으로 거기서 쓰이는 식과 함수가 모두 1차인 경우를 가리킨다.

이 운동의 제2단계(1965년 이후)에서는 각 공장에서 '통주방법(統籌方法, critical path method)'의 응용이 실시되었다.

예를 들어, 공장의 보링판의 분해 수리 과정이 어떤 절차로 이루어지는가를 살펴보자. 먼저 공정이 어떤 단계를 거치는가를 알아보고, 다음에는 각 단계 사이의 접속 관계를 밝힌다. 그러고 나서 각 단계에서 소요되는 시간을 알아낸다. 그 결과, 다음과 같은 도표를 작성할 수 있다.

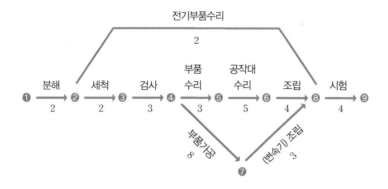

위의 도표에서 알 수 있는 바와 같이 ❶❷❸❹❺❻❼❽❾로 이어진 단계를 거치는 데에 23일이 소요되며, 이 최장의 공정이 소요일수를 결정한다. 이 최장선을 '크리티컬 패스(critical path)'라고 하는데, 중국에서는 이것을 '주요 모순선(主要矛盾線)'이라고 부르고 있다. 이 '모순'이라는 표현이 재미있다. '모순'을 발견하고 그것을 해결하는 것을 기술 향상의 지침으로 삼는다는 대목이 모택동(毛澤東)의 《모순론》의 사상을 바탕으로 한 말이어서이다. 그건 그렇고, 이 '주요 모순선'의 길이를 단축함으로써 공기(工期)를 단축시키는 것이다.

1959년 10월, 산동성(山東省)에서 개최된 '운주학' 대중 운동에 모인 사람들이 주로 공장노동자, 농민, 초·중·고 교사, 기업관리자들이었는데 그 수가 무려 40만을 헤아렸다고 하니, '운주학(O.R.)'에 대한 중국인들의 관심이 얼마나 큰가를 짐작하고도 남음이 있다. 이 숫자가 설령 강제 동원의 결과였다고 하더라고 말이다. '실(實=실천, 실용성)'을 중시하는 중국의 국민성을 여기서도 볼 수 있다.

'운주학', '통주학'이라는 용어에 대해서

중국인은 외래어를 절대로 사용하지 않는다. 반드시 자신들의 문자를 써서 나타낸다. 그만큼 그들은 자신들의 문화유산(한자)에 대해서 유별난 긍지를 가지고 있다. 그러나 이 자존심은 단순히 국수주의적인 아집이나 허세에 끝나지 않는다. 아무리 어려운 낱말일지라도, 중국인이면 그 뜻을 금방 알아볼 수 있게 번역에 절묘한 솜씨를 부린다. 중국인이 문자 표현의 천재라는 것을 이런 데서도 실감할 수 있다.

그 보기를 O.R.과 critical path method 등을 한자로 옮긴 운주학(運籌學), 통주학(統籌學)에서 알아보자.

운주학(運籌學)의 '주(籌)'는 (계산막대를 써서 하는) 계산, 더 나아가서는 작전, 책략의 뜻이고, '운(運)'은 운용, 계획이라는 뜻이다. 그러니까, '운주(運籌)'는

(계산막대를 써서 하는) 작전 계획

이라는 뜻이다.

옛 중국에는 단지 속에 던져넣은 대나무로 된 화살의 개수로 승부를 겨루는 게임이 있었다. 우리나라에서는 궁중이나 사대부 집안에서 이 유희가 조선시대까지 이어져 내려오고 있다. 이 화살도 '주(籌)'라고 불렸는데, 이 뜻을 아울러 염두에 두고 '운주(運籌)'를 생각하면,

대 화살을 단지 속에 던져넣는다, 과녁을 맞춘다.

(목표를 달성한다.)

가 되어, O.R.의 본뜻을 정확히 전달한 말임을 알 수 있다.

이것으로 처음 중국에 O.R.이 소개되었을 당시의 '운용학(運用學)' 대신 '운주학(運籌學)'이라는 낱말이 왜 쓰이게 되었는지 그 이유를 분명히 이해할 수 있게 되었을 것이다.

한편, 'critical path method'의 중국역인 '통주방법(統籌方法)'의 '통(統)'은 실, 줄기(이것은 공정의 분해도를 연상시킨다), 통합하다의 뜻이며, 이것에 '주(籌)'를 덧붙이면,

계획적으로 통합하여 과녁을 맞춘다.(목적을 달성한다.)

가 된다. 이 번역 역시 원어의 본뜻을 절묘하게 옮기고 있다. 이런 점은, 외래어를 거리낌없이 그대로 사용하고 있는 우리나라의 경우와는 너무도 대조적이다.

누구라도 풀 수 있는 수송 문제

물론 중국화(中國化)의 노력은 용어상의 문제에 국한되는 것은 아니었다. '운주학(運籌學)'의 해법 그 자체의 대중화를 위해 여러 가지의 도식적 방법이 고안되었다. 그 대표적인 예로써 수송 문제의 '도상작업법(圖上作業法)'을 들 수 있다.

수송 문제를 합리화하기 위해서는,

첫째로, '대류'(對流, 동일한 선 위를 왕복하는 것)와 '우회'(돌아가는 길)를 없앨 것.

둘째로, 화물의 출발점과 종점 사이의 거리를 단축시킬 것이다.

먼저, 선에 '루프'(loop, 선을 이어서 만들어진 길 중에서 한 바퀴 돌아서 제자리에 오는 것)가 없는 간단한 '트리'(tree, 루프를 포함하지 않은 선)부터 알아보자.

각 끝점에 주목하여, 각 끝점으로부터 다음 지점(역)으로 보내라고 '운주학'에서는 지시하고 있다.

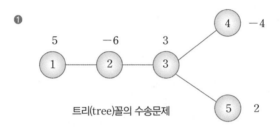

트리(tree)꼴의 수송문제

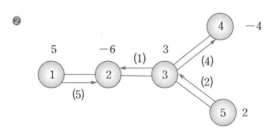

❶에 대한 최적해(最適解)
①에서 ②로 5만큼 보낸다.
②는 아직 1만큼 부족.
④에는 ③에서 보내지만, 1이 부족하다.
⑤에서 ③으로 2만큼 보내면 1이 남는다.
그것을 ②에 보낸다.
이것이 최적해이다. 끝점 ①④⑤에 주목하면, 이처럼 빨리, 그리고 확실하게 풀 수 있다.

앞의 그림 ❶에서의 동그라미 속의 숫자는 역의 번호, 그 옆의 숫자는 화물의 양, 그리고 마이너스(−)는 인수할 양을 나타낸다.

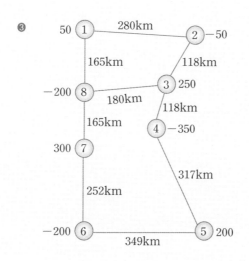

❸

이때, 수송량(ton/km)을 최소로 만드는 해는 그림 ❷와 같이 된다. 다음에는 그림 ❸과 같이 루프가 있는 경우에는 어떻게 하면 되는지에 대해서 알아보자.

이런 경우에 대해서는 나음과 같은 지시가 있다.

하나의 루프가 있으면, 하나를 없애라.
몇 개의 루프가 있으면 그 몇 개를 모두 없애라.

다음 그림 ❹는 ①에서 ②, ⑤에서 ⑥으로 가는 두 선을 끊었을 때의 그림이다. 여기서는 대류 현상은 결코 일어나지 않는다. 이어서, 우회가 있는지 없는지를 살핀다.

이때, 흐름의 방향이 중요한 열쇠가 된다. 루프 안쪽 흐름의 총연장과 바깥쪽 흐름의 총연장이 각각 루프 총연장의 반을 넘고 있는지를 알아본다. 둘 다 넘지 않으면 이것이 최적해이다. 만일 넘는 경우가 있으면, 선의 절단 방법을 바꾸어서 앞에서와 같이 알아보고 최적해를 구한다.

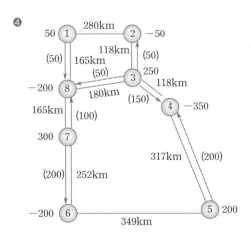

예를 들어, 그림 ❹에서 ③⑧⑥⑤로 만들어지는 루프 바깥쪽 흐름의 길이 총연장은,

$$180+252+317=749$$

그리고 루프 전체의 길이는

$$1381=180+252+317+349+118+165$$

따라서 반을 넘는다. 그래서 ⑤~⑥이 아니고 ③~⑧을 끊는다. 최

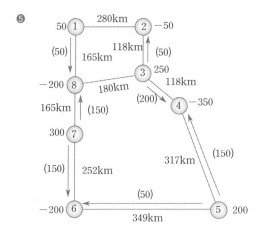

❺

적해를 구하기 위해서 다시 선을 끊을 때에는 수송량이 최소의 선을 끊는 것이 비결이다.

그 결과, 그림 ❺와 같은 해를 구할 수 있다. 이것은 먼저의 경우에 비하여 5850ton/km의 수송량을 절약하게 만드는 최적해이다.

도상작업법은 '운주학 운동'의 과정에서 대중의 지혜에 의해서 창조되었다고 한다. 루프 또는 트리꼴의 도형은, 누구에게도 일종의 퍼즐로 비지고, 이깃을 풀어보고 싶다는 충동을 갖게 한다. 실제로 이러한 자극 때문에 많은 제안이 쏟아져 나왔다. 이것을 전문가가 정리하여 이론적으로 검토한 결과, '구구'처럼 입으로 외우면 쉽게 답을 얻을 수 있게 만들었다. 그야말로 중국인다운 발상이다.

유희로서의 수학
동양과 서양의 수학 퍼즐

한국 상인의 수놀이

수학에는 확실히 유희적인 면이 있다. 문명국 중에서는 수학의 대중화가 늦었던 우리나라이지만, 일부 상인들 사이에서 일종의 '수놀이'가 있었다. 조선시대의 상인, 특히 개성 상인은, 수입과 지출을 한눈에 알아볼 수 있는 독특한 장부 기입법을 사용하였는데, 그것이 오늘날 '개성부기'로 알려지고 있는 일종의 복식 부기이다.

개성은 고려 왕조의 수도였을 뿐만 아니라 한국 내에서 가장 상업

금·원 시대	丨 丨丨 丨丨丨 ⼘⼘ ⼘⼘⼘ ⊤ ⊤⊤ ⊤⊤⊤ ⊤⊤⊤⊤ 〇
	一 二 三 亖 ⿱一亖 丄 ⿱一丄 ⿱二丄 ⿱三丄 〇
남송 시대	丨 丨丨 丨丨丨 ✕ ᄒ ⊤ ⊤⊤ ⊤⊤⊤ ✕ 〇
	一 二 三 ✕ ◇ 丄 ⿱一丄 ✕ 〇
청나라 시대	丄 丨丨 ⿱三丨丨 丨丨丨 ✕ ৪ 丄 ⊥ 亖 ✕ 〇

중국 상인들이 사용한 숫자

이 발달한 도시이기도 하였다. 장사에는 으레 셈이 따르기 마련이다. 개성 상인들이 사용한 숫자는 한국의 상인 사회에서 비교적 최근까지 쓰여져 왔다. 안성(安城)에서 오랫동안 장사를 해온 사람의 이야기에 따르면 그 숫자는 중국의 영향을 받은 것이라고 한다.

그러나 이러한 숫자는 모두 필기용으로 쓰인 것이며, 실제의 계산을 위해서는 따로 산대(또는 산목(算木))라고 불리는 10cm 가량의 막대를 사용하였다. 다음은 상인들이 산대를 가지고 하였다는 수놀이의 하나이다.

> **Q** 오른쪽과 같이 직사각형꼴의 가로, 세로에 각각 9개씩 산대가 놓여 있다. 손에 쥔 8개의 산대를 모두 쓰고, 또 놓여 있는 산대의 위치를 적당히 옮겨서 역시 가로, 세로에 9개씩의 산대가 놓이도록 하여라.

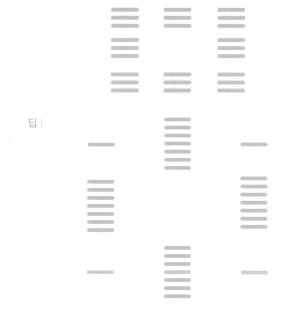

딥ㅣ

서양의 수학퍼즐

서양에도 이것과 똑같은 문제가 있다. 예부터 포도주 생산으로 이름난 프랑스에서 전해내려온 문제이다.

> **Q** 다음과 같이 24개의 포도주 병이 칸막이 속에 들어 있다. 그중에서 4개를 빼내어도 여전히 가로, 세로줄에 놓인 병의 개수가 같도록 각 칸막이 속의 포도주 병을 옮겨보아라.

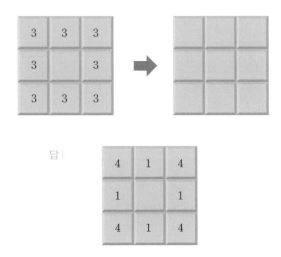

답|

때와 장소는 달라도 사람이란 비슷한 상황에서는 비슷한 생각을 갖기 마련인가 보다.

수학 유희의 예는 아주 오랜 옛날의 기록에서도 찾아볼 수 있다. 기원전 1800년쯤, 이집트의 승려 아메스가 파피루스(늪에서 자란 갈대로 만든 일종의 종이)에 적은 수학책의 단편 〈아메스의 파피루스〉에는, 아무런 설명 없이 다음과 같이 쓴 대목이 있다. 여러분 같으면 무슨 뜻으로 풀이할까?

집	고양이	쥐	보리	이삭	합계
7	49	343	2401	16807	19607

영국의 동요집에는 이 내용을 암시하는 듯한 다음과 같은 '수노래'가 실려 있다.

"세인트 · 이브스로 가는 길목에서

7인의 부인을 만났더니,

모두가 각각 7개씩의 포대를 들고,

포대마다 고양이가 7마리,

고양이마다 새끼 고양이 7마리였다네.

새끼 고양이와 어미 고양이, 포대와 부인,

함께 세인트 · 이브스로 향한 것은

모두 얼마?"

부인들의 수가 7(명), 포대의 개수는 7^2(개), 고양이의 수는 7^3(마리), 새끼 고양이의 수는 7^4(마리)이다.

이런 식으로 생각하면 앞의 숫자는,

집이 7, 고양이는 $7^2 = 49$, 쥐는 $7^3 = 343$, 보리는 $7^4 = 2401$, 이삭은 $7^5 = 16807$, 모두 더해보면

$$7 + 7^2 + 7^3 + 7^4 + 7^5 = 19607$$

을 나타내고 있는 것이 분명하다. "내용이 다른 것을 어떻게 더해?" 라는 의문은 여기서는 일단 접어두자.

피보나치(Fibonacci, 1180~1250)가 쓴《계산판의 책》에도 이와 같은 문제가 실려 있다.

중국의 수학퍼즐

중국인은 재미있는 놀이를 발명하는 천재라고 한다. 바둑, 장기, 마작 등 우리의 오락 중에서도 빼놓을 수 없는 것들의 거의 모두가 본래 중국에서 시작되었다는 사실은, 이 말이 괜한 소문이 아니라는 것을 충분히 짐작케 해준다.

퍼즐에 대해서도 중국은 예부터 풍부한 보고를 가지고 있다. 뭐니 뭐니 해도 퍼즐의 챔피언은 캐스트 퍼즐이라고 불리는 '지혜의 고리'인데 다양한 모양의 금속 고리를 떼었다 다시 조립하는 형식의 이 퍼즐의 원산지는 중국이다. '옥련환(玉連環)'이니 '구연환(九連環)' 또는 흔히 '차이니즈 링(Chinese ring)'이라고 불리는 아래의 그림과 같은 퍼즐 놀이가 그것이다. 이제 그림을 보면서 하나씩 고리를 빼내는 방법을 알아보자.

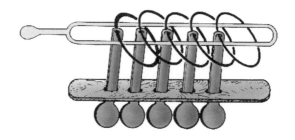

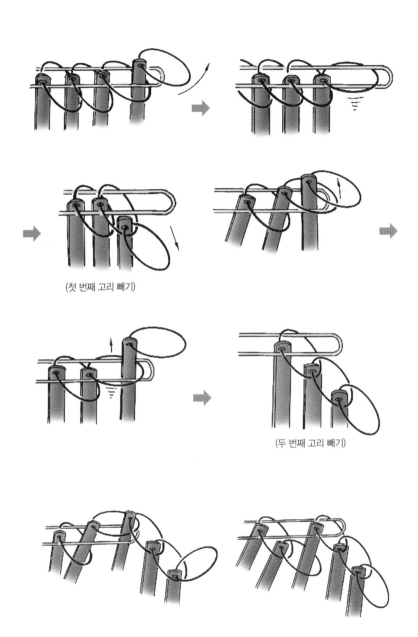

(첫 번째 고리 빼기)

(두 번째 고리 빼기)

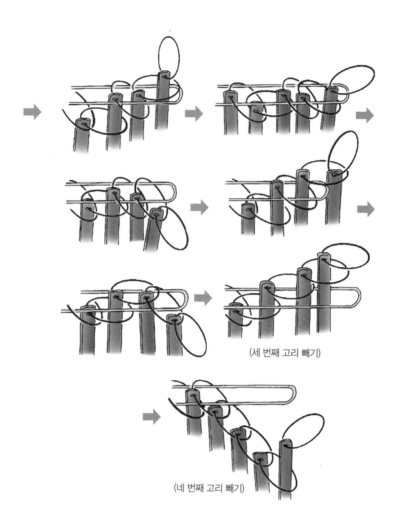

(세 번째 고리 빼기)

(네 번째 고리 빼기)

본격적인 동양의 수학 퍼즐을 풀어보자.

다음 문제는 수학의 고전 《구장산술》에 실려 있다. 2차방정식의 해법을 알아야 풀 수 있는 문제이기 때문에 상당히 고급의 수학 퍼즐이지만 한번 도전해보자.

Q 1 사면이 동서남북을 향한 밑면이 정사각형 모양인 성벽으로 둘러싸인 도시가 있다. 이 성벽 밑면의 각 변의 중앙 부분에 성문이 하나씩 있다. 그리고 북문을 나와서 20보('보'는 길이의 단위) 북쪽으로 가면 나무 한 그루가 서 있다. 이 나무는 또, 남문을 나와 남쪽으로 14보 가서 직각으로 꺾어서 서쪽으로 1775보 갔을 때 비로소 보인다. 이 도시의 한 변의 길이는 얼마인가?

풀이 ┃ 성벽의 한 변의 길이를 $2x$로 하면 다음 비례식이 성립한다.

$$\frac{20}{x} = \frac{2x+34}{1775}$$

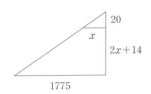

이것을 변형하여

$$x^2 + 17x - 17750 = 0$$

이것을 풀면

$$2x = -17 \pm \sqrt{17^2 + 4 \times 17750}$$

$$= -17 \pm 267$$

그런데 $x > 0$이기 때문에 $2x = 250$

답 | 250보

다음 문제는 6세기 전반에 장구건(張邱建)이라는 수학자가 쓴 책 《장구건산경(張邱建算經)》이라는 이름의 수학 고전에 실려 있는데, 이러한 문제는 이미 3세기쯤부터 '백계(百鷄, 백 마리의 닭) 문제'라는 이름으로 다루어지고 있었다. 유럽에서는 인도·아라비아를 거쳐서 전해졌기 때문에, '인도의 문제'라는 이름으로 흔히 불리고 있으나, 원산지는 중국임에 틀림없다.

어쨌든 부정 방정식(不定方程式, 미지수의 해가 무한히 많은 방정식)의 문제까지도 만들어낸 중국 수학자들의 위대한 '유희의 정신'에는 새삼 탄복하게 된다. 부정 방정식의 해법 자체는 본래 복잡한 천문 계산을 치르기 위해서 생각해낸 것이기는 하지만.

> **Q 2** 수탉은 1마리에 5전, 암탉은 1마리에 3전, 병아리는 3마리에 1전이다. 100전을 가지고 100마리의 닭을 사려고 하는데, 수탉을 되도록 많이 사고 싶다. 수탉, 암탉, 병아리를 각각 몇 마리씩 사면 되는가?

풀이 | 수탉, 암탉, 병아리의 마릿수를 x, y, z로 하면

$$x + y + z = 100$$

$$5x + 3y + \frac{z}{3} = 100$$

이 된다. 이 식에서 z를 소거하면

$$7x + 4y = 100$$

$$7x = 4(25 - y)$$

이기 때문에, x는 4의 배수, 그러므로

$$x = 4n, \ y = 25 - 7n$$

와 같이 된다. 따라서

$$n = 0일 \ 때, x = 0, y = 25, z = 75$$

$$n = 1일 \ 때, x = 4, y = 18, z = 78$$

$$n = 2일 \ 때, x = 8, y = 11, z = 81$$

$$n = 3일 \ 때, x = 12, y = 4, z = 84$$

가 된다. 이 해 중에서 x가 최대인 것은

$$x = 12, y = 4, z = 84이다.$$

답 | 수탉 12마리, 암탉 4마리, 병아리 84마리

수학을 노후의 취미로 삼는 일본인

정년퇴직을 한 월급쟁이가 노후의 취미로 삼는 것이라면 무엇일까? 등산·골프·분재·수석·바둑·장기·화투·시조 등을 생각할 수 있지만, 그렇다고 수학을 취미로 삼는 사람은 없을 것 같다. 더구나 수학을 전공한 것도 아닌 처지에 말이다. 그런데 노인들이 취미 활동으로 수학을 연구하는 나라가 실제로 있다. 그 희귀한 취미의 나

라가 바로 일본이다. 그 수학 연구라는 게 주로 과거의 수학자와 그 행적, 수학 관계의 문서나 기록 등을 발굴 조사하고, 회원끼리 정보를 교환하는 정도라고 하지만, 그렇다고 하더라도 놀라운 일이다.

이들 노인은 '일본수학사학회(日本數學史學會)'의 어엿한 회원이다. 해마다 단체로 발굴 여행을 떠나고, 세미나도 물론 갖는다. 회원 중에는 부부도 여성도 있다. 행락철에는 팔도 관광이 아닌 수학 연구차 전세버스로 단체 여행을 즐기는 수학 애호가인 칠순 노인들이 있다면 곧이 들릴까?

과거, 일본 서민들의 기본 상식은 읽기(독해력)·쓰기(표현력)·세기(주판)의 세 가지였다. 이 속에 '셈'이 있기는 하지만, 이 사실만으로는 일본 노인들의 수학에 대한 저 뜨거운 향수를 설명할 수가 없다. 중국에서는 예부터 교양인이 갖추어야 할 기본적인 조건으로서 '육예(六藝)'라는 것이 있었는데, 그중의 하나로 계산능력(='數')도 꼽히고 있다. 그러나 중국 사회에서 수학의 인기는 신통치 않았다. 하물며 일반 서민층에서는 말할 나위가 없다. 바꿔 말하면, 일본인의 수학 애호는 수학에 대한 필요가 낳은 것이 결코 아니었다.

일본은 세계에서 유일하게 '유희(취미)'로 일관된 수학의 전통을 지닌 나라라는 것을 염두에 두지 않고서는 이 열정을 이해하기는 힘들다.

베스트셀러가 된 일본의 수학책

임진왜란을 계기로 일본은 문화적으로 큰 덕을 보았는데, 그것들을 도자기·동활자·주자학(朱子學)의 세 가지로 보통 꼽는다. 사실은 이것에 수학을 덧붙여야 한다. 당시 한국에서 반출해간 수학책을 바탕 삼아, 일본이 자랑하는 전통적인 수학 '와산(和算)'이 일어났기 때문이다. 일본군이 침략전쟁을 시작한 해가 1592년, 한반도에서 격퇴된 때가 1598년이었는데, 수학의 불모지에서 민간 수학의 베스트셀러 《진겁기(塵劫記)》가 그야말로 혜성처럼 나타난 때가 1627년이었다는 사실이 이것을 말해주고 있다.

이 수학책은 1627년의 초판 발행과 동시에 그야말로 선풍적인 인기를 모았으며 1631년, 1632년, 1634년, 1639년, 1641년, …과 같이 연이어 증판·개정판이 나왔다. 심지어 첫 출판된 지 20년도 채 되기 전에 10종 이상의 해적판이 나돌았다고 하니까 그 인기가 얼마나 엄청난 것이었는지 짐작할 수 있을 것이다. 서민뿐만 아니라, 학자들까지도 어렸을 적에 감명깊게 읽은 책 속에《진겁기》를 반드시 꼽을 정도였다고 한다.

당시로서는 고도의 지식에 속하는 수학책이 아무리 쉽고 재미있게 쓰였다 하더라도 이렇게 엄청난 인기를 일반 서민 사회에서 차지하게 된 이유는 무엇일까? 일본인들의 취미가 그렇다면은 그만이지만, 당시의 사회가 지위와 신분 고하를 막론하고 수의 지식을 누구에게나 요구했다는 사실을 넘겨보아서는 안 된다. 당시의 일본, 특히 정치, 경제의 중심인 에도(지금의 동경)가 이미 세계에서 가장 많은 백만 인구였으며, 나름대로의 상품 유통과 분업이 이루어지고 있었다.

실제로 이러한 분위기 속에서 상점의 머슴이 지배인으로까지 승진할 필수 조건 중의 하나는 거래한 상품과 값을 계산하는 능력이었

정성들여 그린 삽화에 주목할 것. 그림의 내용은 '나무의 높이를 휴지를 써서 재는 일'이다(오늘날의 세련된 휴지는 당시의 일본에 이미 있었다). 방법은 정사각형의 휴지를 오려서 직각이등변삼각형을 만들고, 직각을 낀 두 변 중의 하나를 땅에 수직이 되도록 하면 된다. 그러기 위해서는 종이끈을 만들고, 그 끝에 돌멩이를 달면 된다는 친절하고도 실용적인 설명이 덧붙여져 있다.

《진겁기》의 일부

으며, 이는 목수나 뱃사공, 심지어 미장이의 경우에도 조금이라도 승진을 하려면 예외가 아니었다. 즉 이 같은 인구를 가진 사회에서는 무엇보다도 경제 유통이 중심이었으며, 이 환경에 적응해서 생활을 영위하기 위한 필수적인 지식은 수학(산술)이었던 것이다.

일본의 수학 '와산(和算)'
원과 사각형을 이용한 문제들

　일본 특유의 수학 '와산'의 두드러진 특징은 사각형이나 삼각형, 원 속에 원이라든지 정사각형 등이 들어 있는 문제가 아주 많다는 점이다. 그런데 이러한 문제들은 전혀 실용성이 없다.

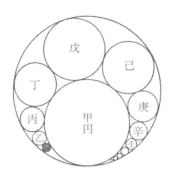

한 원의 내부에 또 다른 원을 놓고 이 두 원과 접하는 제3의 원을 그릴 때, 이들 세 원의 지름을 알고 이것들과 접하는 원의 지름을 구하는 문제.

　정도의 차이는 있을지언정 수학이 실용을 떠나서 발전하는 것은 어느 나라에서도 마찬가지이다. 그러나 '와산'의 경우는 서양 수학과 같이 논증적이지 못하면서 실용성을 외면하고 있다. 실용적인 기술로서의 쓰임새도 없고, 그렇다고 학문도 아닌 수학, 이것은 한마디로 취미로서의 수학이었다.

하지만 '와산'도 처음에는 실용적인 필요에서 생겼다. 《진겁기》를 살펴보면, 창고에 들어갈 수 있는 곡식의 양, 종류가 다른 옷감의 환산, 쌀·금·은·동전 사이의 환전 등, 당시의 생활과 직접 연관이 있는 문제가 자세히 설명되어 있다. 이런 점에서 '와산'이 생활적인 문제를 해결하기 위해 시작되었음을 알 수 있다. 이 최소 한도의 생활 수학의 요소는 '와산'이 발전한 다음까지도 여전히 떠나지 않았다. 문제는 '와산'이 실용성이 전혀 없는 방향으로 계속 발전해나갔다는 점이다.

수학의 이러한 성격 때문에, 수학을 배우는 사람은 그저 재미가 있어서 할 뿐, 수학을 할 줄 안다고 해서 출세에 도움이 되는 것도 남의 존경을 받는 것도 아니었다. 따라서 이 아무 쓸모없는 한량놀음(?)을 즐길 수 있는 사람은 놀고도 지낼 수 있을 정도로 다소의 재력이 필요했다. 수학 선생님에게도 사례금을 바쳐야 하고(수학만을 직업적으로 가르치는 교사가 있었다!), 자신의 연구 성과를 과시하기 위해서 신사(神社)의 벽에 걸어놓을 큼직한 액자값과 필사료 등 꽤 많은 경비가 들어간다. 이 때문에 가산을 탕진해버린 사람조차 있었다고 한다.

다음 문제는 1727년에 나온 책 《화국지혜교(和國智慧較)》에 실려 있는 내용이다.

Q 바둑판에 그림과 같이 만(卍) 자 꼴로 바둑알이 놓여져 있다. 어디서부
터 시작해도 좋으니까 바둑판의 금을 따라가면서 이 바둑알을 모두
집어보아라.
다만, 금 위에 놓인 돌을 건너뛸 수는 없으며, 오른쪽이나 왼쪽으로 구
부릴 수 있는 것은 모퉁이의 돌을 집었을 때에만 가능하다. 또, 뒤로
물러서도 안 된다.

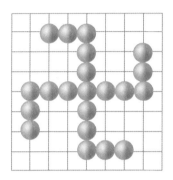

답 |

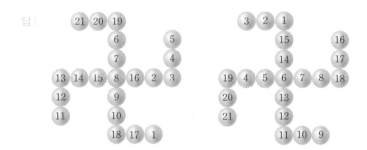

위 그림과 같이 1, 2, 3, …의 차례로 나가면 된다. 왼쪽 그림은 책에 실린 내용
이며, 오른쪽 그림은 구부러지는 횟수를 되도록 작게 하였을 때의 수순이다.

다음과 같이 할 수도 있다. 이 밖에 다른 방법이 또 있을까?

답 |

동양에 소개된 정다면체
동양의 입체 기하학 《측량전의》

케플러(J. Kepler, 1571~1630)는 《세계의 조화》라는 책 속의 오른쪽 그림 아랫쪽에서 보는 바와 같이 정다면체 중 옆면의 형태가 다른 정육면체, 정사면체, 정십이면체의 세계를 중요시하여 바깥쪽으로, 그리고 나머지 두 개인 정팔면체와 정이십면체를 안쪽에 배치한 것이 행성계의 모델이라고 밝히고 있다.

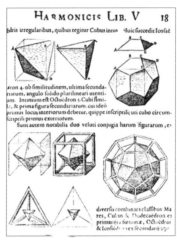

케플러, 《세계의 조화》 제5권의 삽화

그런데 이보다 앞서 이탈리아 르네상스 시대의 수학자 파치올리 (Pacioli, 1445?~1510?)도 정다면체에 심취해 있었다. 다음 그림은, 수도사의 옷차림을 한 파치올리가 천장에서 내려뜨린 복잡한 입체물의 체적에 관해 강의하고 있는 광경을 나타낸 것인데, 탁자 위의 황금으로 된 십이면체가 눈길을 끈다.

파치올리 | 수학자 파치올리가 입체에 관해 강의를 하는 그림

그는 《신성비례론(神聖比例論)》이라는 책을 엮으면서, 그 삽화를 레오나르도 다빈치에게 부탁하였다. 다음 다면체의 그림은 그의 요

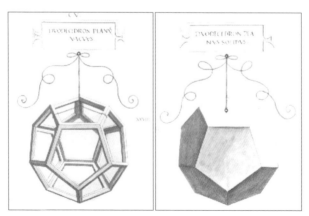

다빈치 12면체 그림

청을 받고 다빈치가 그린 것이다. 이 책은 본래 건축가를 대상으로 삼은 것이었으므로 각기둥, 각뿔 등을 비롯하여 정다면체의 내부 구조까지도 훤히 알 수 있도록 설명되어 있다.

다빈치와 거의 같은 시기에 독일에서는 뒤러(A. Dürer, 1472~1528)라는 화가가 천사의 모습을 한 우울한 인간의 대표인 여성 건축가 '멜랑콜리아'를 그렸다. 이 동판화는 중앙에 앉은 멜랑콜리아가 컴퍼스를 손에 쥔 채 우울한 표정으로 먼 곳을 향해 시선을 던지고 있다. 그 모습을 흉내내고 있는 어린 천사의 모습이 보인다. 나중에 로댕(Rodin, 1840~1917)은 이것에서 힌트를 얻어 '생각하는 사람'을 조각했다는 말이 있다.

컴퍼스를 쥔 채 우울한 표정을 하고 있는 멜랑콜리아

그건 그렇고, 그림에서는 이 광경에 어울리지 않는 소재들이 잔뜩 사방에 어질러져 있는데, 그중에서도 이해하기 어려운 것은 구와 큼직한 다면체이다. 보통은 회화의 소재가 되지 않는 '절두(切頭, 모서리 부분을 자른) 평행 다면체'가 그려져 있는 것이다.

이것은 기하학을 상징한다고 하는 사람이 있는가 하면, 건축물의 기본형인 정사면체를 자른 것이라고 말하는 사람도 있다. 그러나 이

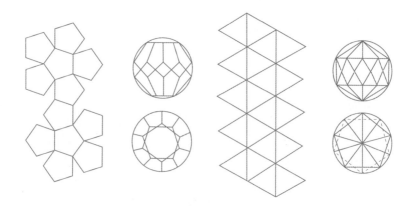

뒤러의 《측량학 교본》의 그림

런 도형은 투시도를 그리기가 무척 힘들 것이다. 이것에 회답이라도 하는 양, 그는 《측량학(測量學) 교본》이라는 책을 펴내고 그 속에 그 투시도를 상세히 그려놓았다. 이 속에는 모든 다면체라든지 일부 정 다면체의 평면도라든지 입면도, 그리고 당시에는 거의 볼 수 없었던 전개도가 실려 있어서 주목을 끈다.

과거의 한국, 중국 그리고 일본 등의 동양 사회에서는 입체 기하 학이라는 것은 거의 생각할 수 없었다. 유클리드의 《원론》이 《기하 원본(幾何原本)》이라는 이름으로 중국어로 번역된 것은 1607년의 일 이지만, 거기서는 다면체를 비롯하여 입체도형은 모두 생략되었다. 그 후, 유럽 천문학을 소개한 《숭정역서(崇禎曆書, 1631)》 속의 《측량 전의(測量全義)》라는 책에서는 5개의 정다면체 전부가 앞 그림의 다 빈치나 뒤러를 연상시키는 수법으로 소개되어 있어서 흥미를 끈다.

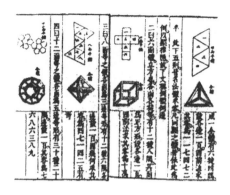

정다면체와 그 전개도가 실린 《측량전의》의 일부

	정4면체	정6면체	정8면체	정12면체	정20면체
정4면체	1	2	3	4	5
정6면체	6	7	8	9	10
정8면체	11	12	13	14	15
정12면체	16	17	18	19	20
정20면체	21	22	23	24	25

정다면체의 상호관계

서양 수학의 원류
《원론》의 세계

"무리수란 무엇인가?"

"유리수가 아닌 수입니다."

"그렇다면 유리수란 무엇인가?"

"무리수가 아닌 수입니다."

이런 것을 '순환논법(循環論法)'이라 하는데 논증되어야 할 명제를 논증의 근거로 하는 비생산적인 논증이다. 우리는 왜 무리수가 유리수가 아닌지를 증명해야 하며 그 내용은 중학교 교과서에 나와 있다. 그것은 바로《원론》을 엮은 그리스의 수학자들이 2천 수백 년 전에 이미 증명해놓은 것이다.

《원론》에서는 1을 '모나스(단위)', 그리고 2 이상의 자연수를 '아리토모스(수)'라고 불렀었다.

그리스에서는 유리수나 무리수는 '수' 속에 들어 있지 않다. 그러나 실질적으로는 이러한 개념은 있었다. '같은 종류의 양의 비(比)'라는 개념이 그것이다. 예를 들어 길이와 길이의 비, 면적과 면적의 비 등은 '같은 종류의 양의 비'이다.

같은 종류의 양 a, b가 이것들과 같은 종류의 양 c의 정수배일 때, 즉

$$a = mc, b = nc \quad (m, n은 자연수)$$

일 때 a, b를 '서로 통약가능(通約可能)인 양(같은 약수를 가지는 양)', 그리고 그러한 c가 존재하지 않을 때 a, b는 '서로 통약불능(通約不能)인 양'이라고 불렀다. 이 비가 지금의 무리수에 해당한다.

돌이켜 보면, $\sqrt{2}$를 분수로 나타낼 수 있는지 없는지를 철저히 따진 예는 고대 수학에서는 그리스뿐이었다. 상식적으로 생각하면 양과 양의 비는 언제나 분수(유리수)로 나타내어질 것이 예상된다. 분수, 즉 정수의 비로 결코 나타낼 수 없는 양이 있음을 깨달은 것은, 그리스 수학이 인간이성(人間理性)의 역사에 남긴 최대의 발견이라 할 수 있다.

이 무리수의 발견과 관련시켜 볼 때 그리스 수학은 다음 두 단계를 거쳐서 발전하였다.

첫째는, 정사각형의 대각선과 변 사이의 통약불능성을 이론적으로 확립하였다는 것($\sqrt{2}$가 무리수인 것의 증명)이고,

둘째는, 이 통약불능성의 생각을 바탕으로 수학적 이론을 세운 것이다.

정사각형의 대각선과 변의 통약불능성

|증명| 귀류법에 의한 증명

주어진 정사각형을 □ABCD, 또 그 대각선 위에 있는 정사각형을

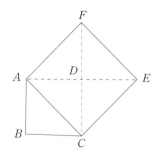

▱ACEF라고 하자.

$$\overline{AC}:\overline{BC}=m:n\,(m,\,n\text{은 서로소}) \quad \cdots\cdots\ ❶$$

인 것으로 한다.

위 그림에서

$$(m^2:n^2=)\overline{AC}^2:\overline{BC}^2=4\triangle ADC:2\triangle ADC=2:1$$

$$m^2=2n^2$$

따라서 m은 짝수이고, 이것과 서로소인 n은 홀수이어야 한다.

한편, 짝수 $m(=2m')$의 제곱은 4의 배수($4m'^2$)이고,

$$n=2m'^2$$

따라서 n은 짝수이어야 한다.

그러나 이때 n은 홀수이자 짝수가 된다는 모순에 빠진다. 이것은 (다른 부분(추론)에는 잘못이 없기 때문에) 처음의 가정 ❶이 잘못되었음을 뜻한다.

그리스 수학을 출발점으로 하여 이루어진 서양의 수학, 그리고 이 것과는 다른 바탕 위에서 발전한 동양의 수학은, 이 한 가지 점만으

로도 크게 차이가 있다. 한 가지 점이라 하였으나, 사실은 이것이야
말로 서양 수학의 가장 핵심적인 성격이다. 그리스 수학이라 할 때
우리는 곧장 유클리드의 《원론》을 머리에 떠올린다. 그만큼 《원론》
은 그리스 수학의 성과를 유감없이 나타내고 있다.

이 유명한 수학책은, 아무런 단서도 없이 첫머리부터 멋없이(?)
'정의'(23개), '공준'(5개), '공리'(9개) 등에서 시작하고 있다. 그중에
다음과 같은 것들이 있다.

공준 1 임의의 한 점으로부터 임의의 한 점으로 직선을 긋는 것.
공준 3 임의의 한 점과 반지름으로 원을 긋는 것.
공리 1 같은 것과 같은 두 개는 서로 같다.
공리 8 전체는 부분보다 크다.

《원론》에서는 이러한 기본 원리들만을 바탕으로 차례차례 새로운
명제, 즉 '정리'를 논리적으로 이끌어내는데, 이때 정리들을 이끄는
방법, 더 자세히 말하면 그 정리가 정당함을 보여주는 근거를 제시
하는 작업이 '증명'이다. 여기서 말하는 정당함이란, 그 정리가 기본
원리(정의, 공준, 공리)로부터 논리직으로 이끌어내어진다는 것을 뜻
한다.

이것이 이른바 공리적 연역법(公理的演繹法)인데, 이와 같이 차곡차
곡 논리적으로 따져가기 때문에, 이 방법은 아무도 거역할 수 없는
설득력을 갖는다.

그렇지만, 기본 원리라고 하는 것들이 너무도 싱거울 정도로 당연
한 것뿐인데, '새삼스럽게 내세울 것까지야' 하고 마음속으로는 의아

해 하는 사람들이 적지 않을 것이다. 정말 이런 것들이 필요한가 하고 말이다. 사실은 수학자들도 이 점에 대해서는 내심 고개를 갸우뚱한다.

이러한 싱거운 내용을 《원론》에서 중요시하고 있는 이유를 헝가리의 수학사 연구가인 서보(Á. Szabó, 1913~2001)는 다음과 같이 설명하고 있다.

《원론》에 실린 이러한 원리는, 당시로서는 결코 당연한 진리가 아니었고 철학자들 사이에서의 치열한 논쟁거리였다는 것이다. 예를 들어, 도형의 작도에는 '운동'이 따르지만, 엘레아 학파의 철학자 제논(Zenon)의 유명한 패러독스(逆理)는 운동부정론(運動不定論)을 뒷받침하는 근거를 제시하기 위해서였다. 공준 1, 3은 바로 이 운동을 다루기 때문에 논쟁의 초점이었다는 추측이다.

'제논의 패러독스'는 4가지가 알려져 있는데, 그중의 첫째가 저 유명한 '아킬레스와 거북의 달리기 경주'의 역설이다. 이 역설을 통해 그가 주장하고자 한 것은 다음과 같은 점이었다.

"운동체가 A점으로부터 B점으로 옮길 때, $\overline{AB}$의 중점 C, $\overline{AC}$의 중점 C_1, $\overline{AC_1}$의 중점 C_2 등과 같이 무수의 점을 통과해야 한다. 따라서 운동이라는 것을 있을 수 없다."

이 '운동부정론'의 입장에서는, 선분을 크기가 없는 '점'의 집합으로 간주하는 것을 부정하는 (무한)집합 부정론 – 엘레아 학파의 표현을 빌면 '다자(多者)'의 부정 – 을 주장하는 것이 된다. 그러니까 '제논의 패러독스'는 크기가 없는 '점'을 모을 때 어떻게 해서 길이와 같은 양이 생기게 되는가라는 난문(難問)을 제출한 것이기도 하다.

이러한 문제는 당시의 철학자들 사이에서는 심각한 논쟁거리였다. 이를 생각하면, 앞에서 꺼낸 공준 1, 3이나 공리 1, 8 등은 '당연한 진리'가 아니고 '요청(약속)'이어야 한다는 것을 이해할 수 있다.

그리스 수학이 철학의 영향, 특히 빈틈없이 이치를 따져가는 그 논리적 방법에 많은 영향을 받았다는 것은 하나의 역사적 우연이라 할 수 있다.

여기서 다음과 같은 의문이 당연히 일어날 만하다.

"유클리드의 《원론》에서와 같은 공리적 연역법(公理的演繹法)이 만일 그리스에 없었다 해도, 과연 인류는 언젠가 이것을 창출해냈을까?" 하는 의문 말이다.

이 '역사적 우연'은 역사의 본질과도 깊이 관련을 맺고 있는 심각한 문제이기 때문에 여기서는 더 이상 따지지 않겠지만, 동양의 수학 또는 철학적 전통 속에서도 이러한 이론적 세계가 태어나리라고는 도저히 상상하기 힘들다.

동양의 수학과 서양의 수학
두 개의 수학을 낳은 정신 세계의 차이

　‘동양의 수학’이니 ‘서양의 수학’이니 해도 동양과 서양의 수학 지식 내용이 서로 다르다는 이야기는 아니다. 예를 들어, 1＋2를 한쪽에서는 3, 다른 한쪽에서는 4로 쓴다는 뜻은 아니고, 한쪽에서 계산 중심의 수학, 그것도 구체적인 숫자를 써서 근사 계산을 주로 다룬 ‘대수적 방법’을 일삼았다면, 다른 한쪽에서는 구체적인 숫자를 배격하고, 추상적인 도형의 세계를 논리적으로 규명하는 ‘기하학적 방법’을 지킨 방법적인 차이, 그리고 이러한 시각의 차를 낳은 서로 대립적인 사고에 주목하여 하는 말이다. 그러니까 수학을 다루는 방법이나 정신 － 한마디로 수학관(數學觀)의 차이라고나 할까 － 의 차이를 문제삼고 하는 것이다.

　여기서 ‘서양’이라 하는 것은 그리스도교가 권위를 갖는 지역, 또는 최근까지 그리스도교가 권위를 지녔던 지역을 가리킨다는 것을 덧붙여둔다.

　과거 중국 문화권에 속했던 동양, 정확히는 동아시아에 비해서 서양 문화가 지닌 두드러진 전통으로 다음 세 가지를 꼽을 수 있다.

첫째는 그리스도교의 신의 개념이다. 신(神)은 이승이 아닌 다른 세계의 존재이며, 인간의 세계를 초월하고 있다. 하기야 인간과 비연속(단절)이기 때문에 '신'이라고 불리는 것이기는 하지만. 한편, 동양인이 말하는 '천(天)'이나 '성인(聖人)' 등은 인간과 연속되어 있다. 천은 우리의 눈에 비치는 하늘이기도 하며, 성인은 이상적인 인간상이다.

둘째는 허구(虛構) 문학의 전통이다 영웅과 신을 주인공으로 삼은 호메로스의 서사시, 피안(彼岸)의 세계를 다룬 단테의 《신곡(神曲)》, 인간 영혼의 문제를 다룬 괴테의 《파우스트》 등의 허구 문학은 일찍이 동양에서는 볼 수 없었다. 호메로스와 거의 같은 시대의 동양의 고전시집인 《시경(詩經)》의 내용은 한결같이 평범한 서민들의 애환을 읊은 것들뿐이다. 물론 한국 문학의 경우도 예외가 아니며, 문학의 소재는 늘 일상적인 것이어야 했다. 서양의 문학 세계가 서사시적인 것이었다면 동양의 그것은, 일상적인 소재로 엮어진 서정시의 세계였다. 허구의 문학으로서의 희곡이나 소설이 등장한 것은 동양에서는 시대적으로 훨씬 뒤인 근세의 일이었으며, 본격적으로는 근대에 있었던 서양 문화의 수입 이후의 일이었다.

셋째는 수학을 포함한 자연과학의 성격이다. 흔히 자연과학은 종교의 굴레로부터 벗어나기 위한 투쟁의 과정에서 발전해왔다고 한다. 서양, 그중에서도 특히 근대 자연과학의 역사가 신학과의 갈등, 반발로 엮어진 것은 사실이다. 그러나 자연과학, 그중에서도 특히 수학이 추상성, 즉 비일상적·초월적인 세계에 대한 상념(想念)을 바탕에 깔고 있다는 점에서는 문학의 허구성이나 신학의 비현실성에 이어진다.

한편, 중국 최초의 정사(正史)인 사마천(司馬遷)의 《사기(史記)》에 잘 나타나 있는 중국인의 저 유별난 역사 의식은 중국 문명을 다음과 같은 점에서 특징짓게 하였다.

그 첫째는 신화의 상실이다. 중국도 물론 신화를 가졌었겠지만, 그 대부분은 역사(정사)의 출현 이래 밀려나고 말았다. 신화는 역사적 사실이 아니기 때문에 인간에게는 무의미한 것으로 배척당했기 때문이다.

그 둘째는 앞에서 지적한 바와 같이 공상적인 문학의 발달이 늦었다는 점이다. 희곡은 13세기의 원(元)시대 이후에야 나타났으며, 소설(장편소설)은 14세기의 명(明)시대 이후에 나타난다. 이때는 중국 문명의 역사가 이미 2000년 이상 지난 뒤였다.

그리스인이 시(詩)에 부여했던 역할을 중국인은 역사에서 찾았던 셈이다. 아리스토텔레스(Aristoteles, B.C. 384~B.C. 322)는 다음과 같이 말하고 있다.

> 시인의 임무는 이미 일어난 일이 아니고 앞으로 일어날지도 모르는 일, 즉 진실하거나 필연적이기 때문에 가능성을 지닌 일을 기술하는 데에 있다. 따라서 시는 역사보다 어느 정도 철학적이다. 보다 중요한 것은, 시의 서술이 보편적인 성질의 것인데 비해 역사의 기술은 개별적인 데에 있다.(《시학(詩學)》)

중국인의 태도는 이 아리스토텔레스의 견해와는 정반대이다. 보편적인 것, 따라서 개별적이지 않은 기술이야말로 역사의 역할이며 시의 영역은 결코 아니었다.

130권, 526500자로 된 《사기》의 내용은 당시의 중국인이 세계라고 생각했던 공간, 그리고 저자 사마천이 사실을 기록할 수 있다고 생각한 시간(황제(黃帝)로부터 저자의 시대인 B.C. 1세기의 한무제(漢武帝) 시대까지), 그 모든 것에 걸친 사실의 기록이다. 대상은 거의 모두가 인간의 행적이지만, '천관서(天官書)'에서는 하늘의 성좌를 대상으로 삼고 있다. 또 대상으로 삼는 인간도 군주, 정치가, 군인은 말할 나위가 없고 궁궐의 여성, 암살자, 벼락부자, 미동 그리고 주변 민족의 기록으로는 그가 알 수 있었던 세계의 구석구석까지 사실을 추구한 노력이 역력하다.

물론 그리스에도 역사가가 있다. 또 이 역사가들, 가령 투키디데스(Thoukydides, B.C. 460~B.C. 400?), 헤로도토스(Herodotos, B.C. 484~B.C. 425?)도 역사의 역할을 중국인들과 같이 생각하고 있다.

　　나는 현재의 칭찬을 받기 위해서가 아니라 모든 시대의 재산이 되

　　기 위해서 내 저작을 썼다.(투키디데스)

그러나 고대 그리스에서는 사실의 기록보다 허구적인 문학에 높은 가치를 두었다는 것을 생각한다면, 투키디데스의 이 말도 이러한 전제 아래에서의 주장임을 알 수 있다. 고대 중국에서는 허구의 가치를 인정하는 사상도, 실천도 없었다.

문학의 세계뿐만이 아니다. 중국의 철학사는 서양에서와 같은 추

상의 체계를 갖지 않는다. 자연관의 역사도 예외는 아니다. 이것은 사실을 사실로서 존중하는 태도가 자연과학의 연구에도 모름지기 나타난 결과로 볼 수 있다. 따라서 자연과학의 성격이 서양에 비해 달라질 수밖에 없다.

이러한 점을 염두에 둔다면 왜 중국의 수학(한국 수학을 포함해서)이 서양의 전통과는 달라질 수밖에 없었는지 그 이유를 알 수 있을 것 같다.

한국 수학의 미래
수학도 문화다

신라 신문왕 2년, 그러니까 서기 682년, 국학(國學)과 함께 산학(算學)의 이름으로 시작된 관학(官學=관리제도 속에 들어 있는 정부 주도하의 학문)의 성격을 띤 한국 수학은, 조선조 말(19세기 말)까지의 무려 1,300년 동안 줄곧 명맥을 유지해왔다는 점에서는 세계에서 그 유례를 찾아볼 수 없다.

또 시대가 감에 따라서 '산사(算士)' 또는 '계사(計士)'로 불리는 수학자들이 서로 혈연으로 맺어진 세습적인 특수한 계층을 이루게 된다는 점도 한국에서만 볼 수 있는 특이한 현상이다. 조선조 시대의 이른바 '중인산사(中人算士)'가 그 가장 두드러진 예인데 아버지, 할아버지, 증조할아버지, 게다가 장인까지도 직업 수학자인 것이 보통이었다. 이러한 제도적인 면에서의 특징 말고도 우리나라의 전통적인 수학은 오늘의 유럽계의 수학에 비해서 유별난 성격을 지니고 있다. 전통적인 수학은 계산 중심의, 그것도 필산이 아닌, '산목(算木)'이라 불리는 계산막대를 사용하는 수학이었다. 도형을 다루기는 했지만, 면적이나 부피를 계산하는 것이 목적이었으며, 증명 문제는 아예 도외시하였다. 하기야 이런 점은 중국 수학의 전통을 그대로 따른 결과였다.

그러나 결코 넘겨보아서 안될 것은, 겉보기에는 중국 수학을 그냥 본받은 것 같으면서도 나름대로의 독자적인 수학 문화를 이룩했다는 사실이다. 1,300년이나 계속된 수학 활동 속에서 독자적인 수학 연구와 풍토를 이룩하지 않았다고 한다면 오히려 이상한 일이다. 이 점에 대해서는 앞으로의 한국 수학사 연구의 중요한 과제가 되어 있다.

그건 그렇다치고, 그 긴 세월 동안 계산만을 일삼고 있다가 이제 겨우 증명 중심의 수학과 접목된 것이 오늘의 한국 수학인데, 과연 이 접목이 성공한 것인지 극히 의심스럽다. 이 의아심은 그런대로 충분한 이유가 있다. 수학은 다른 학문과 마찬가지로 인간의 사고의 산물인데, 사고는 하루 아침에 뒤바뀔 수 없으며 오랜 세월에 걸쳐서 시대와 사회 환경 속에서 서서히 다져지면서 변해가는 것이다. 그러므로 인간의 사고는 예부터 가꾸어진 전통의 산물이며, 따라서 수학도 전통을 저버릴 수 없다. 여기서 말하는 '수학'이란, 교과서 등을 통해서 받아들인 수학 지식이 아니라, 수학적 사고를 뜻하는 것이다.

한국 사람들은 수학을 잘한다고 한다. 그러나 학교에서는 그렇게도 잘했던 수학을 졸업과 동시에 팽개치고 돌아보지도 않으며, 애써 익혔던 증명도 그 의의조차 까마득히 잊어버리고 만다. 물론, 증명의 바탕이 되는 대화의 정신은 가꾸어지지도 않은 채 말이다.

이러한 상황이므로, 한국인에게 수학이 어떻게 받아들여지고 있는지, 더 나아가 한국에서는 수학이라는 문화가 어떤 성격을 지니고 있는지 깊이 반성할 필요가 있다. 여기서 말하는 문화란 과학, 예술, 종교, 도덕 등과 같은 인간의 정신적 육체적인 노력과 그 소산을 뜻하는데, 수학도 인간의 지성적 활동의 산물이라는 점에서 분명히 하나의 문화, 그것도 아주 중요한 문화이다. 그렇다면 한국의 수학이 발달하기 위해서는 '수학문화론'이 활발히 전개되어야 할 것이다.

재미있는
수학여행
공간의 세계